U0044646

寵物多樣性 生活更繽紛

ISTA照亮世界

給您最高的效率和最優惠價格，是您購買燈具的最佳選

省電　高透光　安全

LED燈具系列

LED LIGHT
CLIP & LAMP
完美亮度，輕易打造理想的水族氣氛

高亮度LED夾燈　極の光
Luminous LED Clip Light

鋁合金外殼，鰭片設計，散熱極佳。
採用星光銀壓克力雷射切割微側蓋。
環保、節能、省電，安全、防止電擊。

Heatsinks

燈珠一顆0.5W。
Power: 0.5w/bul

(17cm、24cm)

小海豚LED小夾燈
Dolphin LED Clip Light

流線設計，白、紅、藍三款顏色彩殼。

燈珠一顆0.5W。照射角度120度。
Power: 0.5w/bulb. Beam angle: 120 degree

小虎鯨LED小夾燈
Whale LED Clip Light

黑、藍、紅三款顏色彩殼。
雙色配色美形設計，後夾式燈殼，
可彈性適用於一尺至兩尺缸。

燈珠一顆0.5W。照射角度120度。
Power: 0.5w/bulb. Beam angle: 120 degree

高の光

鋁合金外殼，鰭片設計，散熱極佳。
採用星光銀壓克力雷射切割微側蓋。

● 省電 Energy saving　　● 高透光 High Brightness　　● 安全 Saf

LED CLIP LIGHT 夾燈

27cm

19cm

燈珠一顆0.5W。照射角度120度。
Power: 0.5w/bulb. Beam angle: 120 degree

LED OVERTANK LAMP 跨燈

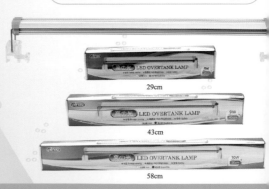

29cm

43cm

58cm

總代理: 宗洋水族有限公司　TZONG YANG AQUARIUM CO, LTD.

www.tzong-yang.com.tw　e-mail:ista@tzong-yang.com.tw　FAX:886-6-230-6734　TEL:886-6-230-3

QIAN HU 仟 湖

加坡仟湖鱼业集团
N HU CORPORATION LIMITED

71 Jalan Lekar Singapore 698950
65) 6766 7087 F (65) 6766 3995

ALBINO
RED
AROWANA
GOLDEN
SILVER

北京 （中国）**Beijing Qian Hu**
T (86)10 8431 2255 **F** (86)10 8431 6832

广州 （中国）**Guangzhou Qian Hu**
T (86)20 8150 5341 **F** (86)20 8141 4937

上海 （中国）**Shanghai Qian Hu**
T (86)21 6221 7181 **F** (86)21 3420 2601

泰国 **Qian Hu Marketing (Thailand)**
T (66)2902 6447 **F** (66)2902 6446

魚中魚貓狗水族大賣場

傳遞幸福與
快樂的美好生活

淡水魚・海水魚・異形・水草・魚缸・水族用品一
貓・狗・鼠・兔・兩棲爬蟲・寵物用品應有盡有
貓狗活體・寵物美容・住宿・動物醫院・滿足您所

魚中魚
永康號
302-5599

中和店 設計師 黃華禎

【北部地區】

24H **文化店**（02）2253-3366
新北市板橋區文化路二段28號

中山店（02）2959-3939
新北市板橋區中山路一段248號

新莊店（02）2906-7766
新北市新莊區中正路476號

中和店（02）2243-2288
新北市中和區中正路209號

新店店（02）8667-6677
新北市新店區中正路450號

土城店（02）2260-6633
新北市土城區金城路二段246號

泰山店（02）2297-7999
新北市泰山區泰林路一段38號

【新竹地區】

新竹店（03）539-8666 ✚全美動物醫院
新竹市香山區經國路三段8號

忠孝店（03）561-7899 ✚全美動物醫院
新竹市東區東光路177號（即將盛大開幕）

【南部地區】

永康店（06）302-5599
台南市永康區中華路707號

【中部地區】

24H **文心店**（04）2329-2999 ✚心美動物醫院
台中市南屯區文心路一段372號

南屯店（04）2473-2266
台中市南屯區五權西路二段80號

西屯店（04）2314-3003
台中市西屯區西屯路二段101號

北屯店（04）2247-8866
台中市北屯區文心路四段319號

東山店（04）2436-0001
台中市北屯區東山路一段156之31號

大里店（04）2407-3388
台中市大里區國光路二段505號

草屯店（049）230-2656
南投縣草屯鎮中正路874號

彰化店（04）751-8606
彰化市中華西路398號

金馬店（04）735-8877
彰化市金馬路二段371-2號

中和店　設計師　朱偉豪　　　　　　　　　　中山店　設計師　陳運鑫

Goby Pedia

- A Handbook for Freshwater and Brackish Species

收錄超過200種來自台灣與世界各地淡水至感潮帶的鰕虎品種!!

THE BIBLE BOOK OF
LABYRINTH FISH IN
THE WORLD

www.fish168.com

迷鰓
聖經

LABYRINTH FISH
WORLD
Horst Linke

澄澔
AQUARIUM
LIMPID

一個源自台灣的動力

我們領先、我們發現、我們分享

"澄澔"正式成立於2010年6月
"澄澔"擁有全台最強大的專業服務團隊
也是台灣開發精緻觀賞魚的領先業者
在總公司"Aqua Project Taiwan co., Ltd"的支持下
成為全台最國際化的水族活體貿易公司

一個源自台灣的動力　精緻水族的領導品牌

AQUA PROJECT TAIWAN

aquafair asia

亚洲宠物展系列展

2015.10.8–11 中国·广州

2015廣東國際水族展
AQUA FAIR ASIA GUANGZHOU 2015

2015年10月8–11日（周四～周日）
October 8-11, 2015 (Thursday- Sunday)

中國·廣州保利世貿博覽館
PWTC exhibition hall, Guangzhou, China

300家參展商，**25,000**平展覽面積
品牌企業齊聚，體驗服務爲先
中國水族行業權威貿易平臺

同期活動：
中國國際水族行業高峰論壇
錦鯉魚大賽及錦鯉拍賣會
水草造景大師班
InnovAction水族新風尚

主辦方：
廣東省水族協會 上海萬耀企龍展覽有限公司

參展聯系：
郝永麗 女士
電話：+86 21 6195 6015 13524689191
郵箱：well.hao@vnuexhibitions.com.cn

參觀聯系：
登陸官網點擊預登記獲免費參觀機會
或撥打4008 213388 廣東國際水族展

www.aquafairasia.com

龍與皇冠 VOL. 1

信許多人的目光都會被龍魟曼妙的泳姿及優雅的身形所吸引。本書介紹了亞洲龍魚與魟魚的市場現況外，有消費者實際飼養案例的驗分享。

神龍與皇冠 VOL. 2

相信許多人的目光都會被龍與魟曼妙的泳姿及優雅的身形所吸引。本書介紹了亞洲龍魚與魟魚的市場現況外，更有消費者實際飼養案例的經驗分享。

水晶蝦這樣玩

著迷於這些小型、華麗、色彩鮮豔、圖案精美、生活在水族箱中的小生物。希望能參考別人的經驗，利用他們的知識，享受您玩水晶蝦的水族樂趣。

Labyrinth Fish World
English version, 600 pages

作者超過三十年的心血結晶。全書600頁，超過1700張產地與繁殖的圖片，是目前最完整的迷鰓魚專書

2009 野生原鬥展示級鬥魚辨識年鑑

針對至今所發表的野生原鬥以及展示級鬥魚品種飼養、繁殖有詳細的介紹與分類

南美短鯛III

從短鯛的起源、定義、族群、習性、繁殖…等均有詳細的圖文介紹。本書完整的地域性魚種收集，並列出適合與短鯛混養的加拉辛科魚種，對於初學者及玩家均是極具參考價值的短鯛書籍。

神龍與皇冠 VOL. 3

相信許多人的目光都會被龍與魟曼妙的泳姿及優雅的身形所吸引。本書介紹了亞洲龍魚與魟魚的市場現況外，更有消費者實際飼養案例的經驗分享。

魚春秋

華文水族市場起以來第一本魚品種最齊全的工具書

神仙世紀

描述所有神仙魚品種特別是埃及神仙的繁殖過程及介紹

卵生鱂魚的飼育與賞析

本書除了涵蓋卵生鱂魚的類群與單種介紹外，亦以文字與圖片相互配合，描述卵生鱂魚的飼育與繁殖操作

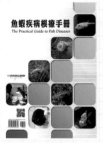

魚蝦疾病根療手冊

飼養的魚兒生病了該怎麼治療？本書告訴你輕鬆治療愛魚的疾病

蝦虎圖典

收錄超過200種來自台灣與世界各地淡水至感潮帶的蝦虎品種！

水族專業書籍出版　水族海報/DM/包裝設計　宣傳物印刷承製

Mailbox: P.O.Box 5-85 Mujha,New Taipei City 22299, Taiwan
Tel: +886-2- 26628587、26626133　Fax: +886-2-26625595
email: nathanfm@ms22.hinet.net
Website: www.fish168.com

ElegantStyle

高級精緻和風缸 *Rich your life*

也非常適合
當我的新家~

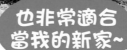

JS-S41

JS-S41-22 · 22×15×18cm(5mm)

JS-S41-26 · 26×17×20cm(5mm)

JS-S41-30 · 30×20×22cm(5mm)

JS-S41-35 · 35×23×25cm(5mm)

天然水族器材有限公司
Tian Ran Aquarium Equipment Co., Ltd.
http://www.leilih.com
Tel: 886-6-3661318
Fax: 886-6-2667189
Email: lei.lih@msa.hinet.net

中國(大陸)聯絡處
陳立偉: +86-13535143331
QQ: 2260134909
e-mail: a19590913@qq.com

第一次養角蛙就上手

【和可愛的角蛙生活】

FISH MAGAZINE
魚雜誌
Aquarium Books Publication

第一次養角蛙就上手
【和可愛的角蛙生活】

出版／Publishing House
魚雜誌社 Fish Magazine Taiwan

社長／Publisher
蔣孝明 / Nathan Chiang

文字撰寫／Copy Editor
東山泰之、森 文俊

文字翻譯撰寫／Copy Editor
黃妙英、魚雜誌社編輯群

美術總編／Art Supervisor
陳冠霖 Lynn Chen

攝影／Photographer
東山泰之、森 文俊、蔣孝明

聯絡信箱／Mail Box
22299　木柵郵局第 5-85號信箱
P.O.BOX 5-85 Muzha, New Taipei City
22299 Taiwan

電話／Phone Number
886-2-26628587／26626133

傳真／Fax Number
886-2-26625595

郵政劃撥帳號／Postal Remittance Account
19403332 林佳瑩

公司網址／URL
http://www.fish168.com

電子信箱／E-mail
nathanfm@ms22.hinet.net

出版日期　2015年8月

國家圖書館出版品預行編目（CIP）資料

第一次養角蛙就上手：和可愛的角蛙生活
／東山泰之，森文俊文字撰寫 . -- [新北市]
：魚雜誌 , 2015.06
　面；　公分
ISBN 978-986-91766-2-0（精裝）

1. 蛙 2. 寵物飼養

388.691　　　　　　　　104012657

角蛙的魅力

角蛙原產於中南美洲，後來被美國、日本的愛好者繁殖，變成寵物的一門，現在可以從 4 公分大小的幼蛙開始養育。

受歡迎很有人氣的鐘角蛙

水族店販賣的角蛙

如果你在水族店架上看到有個塑膠寵物箱或是布丁杯中放著一隻青蛙，牠並不是待在水中，而是靜坐在保有濕度的餐巾紙或羊毛氈上，露出頭身並且用可愛圓滾滾的眼睛看著你，那個就是角蛙。在水族店販賣的角蛙幾乎都很小隻，大約台幣 50 圓左右大小，牠獨特的身形姿態會讓人忍不住，有股衝動想要擁有，擁有這種魅力的陸地性青蛙就是角蛙。

南美角蛙，以"綠色"為賣點。
雖然背部底色參雜著稀疏的綠色，
但也不能說只有一種綠，別有一番
風味

以前，角蛙只有在美國一個叫 USACB 的個體戶或是少數的當地收藏（玩）家才有賣，後來被茨城縣 NUANCE 公司的大津氏和東京都生物堂的野本氏引入日本國內繁殖。現在的角蛙深受大眾喜愛，不管是新手還是老手都很喜歡牠，也興起一股飼養風潮。

角蛙的魅力在於，只要按部就班照顧牠就很容易養得壯碩，因為牠有很強的食慾。寫在最前面的南美角蛙（*Ceratophrys cranwelli*）顏色變化很豐富，哥倫比亞角蛙、亞馬遜角蛙（*Ceratophrys cornuta*），又稱為霸王角蛙，近來又稱為蘇利南（Surinam）角蛙等，雖罕見進口，但也讓當地收藏家呈現野性風貌。

從鐘角蛙開始，牠們分布在南美洲的北部到安地斯山脈以東的熱帶及亞熱帶。北邊是分布在哥倫比亞的哥倫比亞角蛙，南邊則是分布在阿根廷的鐘角蛙。目前角蛙被分類到南蛙科：Leptodactylidae，其次類群是被分類到角蛙亞科：Ceratophryinae。

棕色南美角蛙。這是 CB（人工繁
殖）個體，體色和野生棕色的南
美角蛙不太一樣

在角蛙的 *Ceratophrys* 屬中有 8 種為人所知，其中最高人氣的有鐘角蛙、南美角蛙（*Ceratophrys cranwelli*）、哥倫比亞角蛙和亞馬遜角蛙。除了哥倫比亞角蛙最近很少進口以外，其他三種除了嚴冬期，幾乎一整年都可買得到當寵物蛙來玩賞。

其他還有巴西角蛙（*Ceratophrys aurita*）、分布在秘魯西北部及厄瓜多爾的秘魯角蛙（*Ceratophrys stolzmanni*）、從亞馬遜角蛙獨立出來的厄瓜多角蛙（*Ceratophrys testudo*）、以及分布在巴西西北部巴伊亞洲的卡廷加角蛙（*Ceratophrys joazeirensis*）。雖然有傳言說以前曾經進口過巴西角蛙，但卻無法證實。唯一確定的是，曾在美國 T.F.H 雜誌發行的『Horned Frogs;Ray Hunziker』中刊登過一種名為巴西角蛙的照片。另外三種雖然都曾謠傳過有文獻記載，但皆無具體的生態照片。

談到幾乎沒有生態照片或當地照片，連最受歡迎的鐘角蛙要從海外取到照片也都很難。被進口到日本的鐘角

綠色南美角蛙。它的體色是帶藍還是帶黃？這正是樂趣所在

蛙，是來自美國被選育出來的 CB 個體，有關當地採集個體的情報可以說是完全沒有，這也是件不可思議的事情。

日本國 CB 個體的流通

以當寵物為主流的鐘角蛙、南美角蛙（Ceratophrys cranwelli）和亞馬遜角蛙三種，已經被繁殖成功作為商業用途。鐘角蛙和南美角蛙（Ceratophrys cranwelli）挾帶著高人氣，飼主可一整年都買得到台幣 50 圓大小的小蛙。而亞馬遜角蛙，則是透過小型 CB 個體不定期流通。角蛙風潮常被刊載在出版物中，各種專門雜誌或一般飼養書籍也有介紹角蛙的飼養方法。

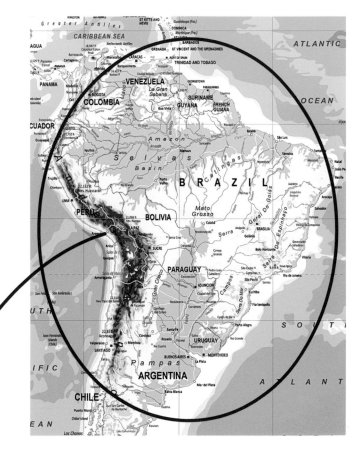

角蛙類的原產棲息地圖

南美角蛙（*Ceratophrys cranwelli*）的體色變化：

　　相對於鐘角蛙以獨特的圓潤體型以及旺盛的食慾受到人們歡迎，南美角蛙（*Ceratophrys cranwelli*）則以其豐富的體色變化形成強大魅力。南美角蛙（*Ceratophrys cranwelli*）的標準體色是茶褐色，但嚴格來說的話，也有一些是土黃色中帶綠色，可以說是有兩種顏色的紋路。現在叫綠色南美角蛙（*Ceratophrys cranwelli*）好像很貼切，但是跟全身都呈現鮮綠色的那種感覺是不一樣的。在超過 30 年以前，曾經存在過南美角蛙（*Ceratophrys cranwelli*）的白化品種，由褐色及參雜著綠色的褐色組合成三種顏色變化。

　　1998 年，在茨城縣以選育角蛙聞名的 Herptile Farm NUANCE，其負責人大津善人就以上述三種顏色變化，培育出薄荷色及白化石灰綠兩個品種。薄荷色品種是從南美角蛙（*Ceratophrys cranwelli*）繁衍出來，而白化石灰綠是從白化品種培育出來的角蛙。之所以被稱為薄荷色是因為牠的發色為綠色中帶有一點藍色；而白化石灰綠品種與原本的白化品種比較的話，牠保有淡淡色彩且去除了濃烈色彩。這樣的色調說起來是有點模糊不清，但只要看到牠的典型品種，就能用顏色很清楚地區分出來。薄荷

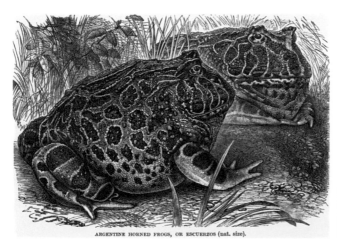

ARGENTINE HORNED FROGS, OR ESCUERZOS (nat. size).

R.A Lydekker 在 1896 年 的 The Royal Natural History 中畫的南美角蛙繪圖。這種角蛙是最受歡迎的種類，但野生訊息卻很少

白化品種南美角蛙 - 黃金角蛙。至
少 30 年以前在美國就被人所知

色品種和全身呈現鮮綠色的綠色南美角蛙（*Ceratophrys cranwelli*），他們的體色會隨著成長而變化，在這中間過程也會出現一些中間色調。不過，不要嚴格區分而去享受每種顏色的變化樂趣，不是很好嗎？

這在白化品種也適用，帶點黃綠色、跟一般白化品種發色不同的就被歸為石灰綠。不過，雖說是白化品種，也有紅褐色強烈的杏白色品種，體色從淡黃色到深紅褐色都有，即使是相同的南美角蛙（*Ceratophrys cranwelli*）白化品種也一樣，有著豐富的顏色變化。

顏色變化越是豐富，養育各種角蛙的樂趣就隨之增加。只是，一旦享受在微妙的色差中逐漸培養出興趣時，角蛙的數量也會從 10 隻、20 隻…一直增加，因此一定要注意「角蛙的養育數量，要在自己能照顧的範圍內」。

也有人認為，從現地採集的南美角蛙（*Ceratophrys cranwelli*）個體皆為褐色這點看來，帶綠色的個體是和鐘

呈現些許綠色的棕色南美角蛙。
就是這種中間色彩的存在，才得
以成就南美角蛙豐富的顏色變化

角蛙的混合種。的確，鐘角蛙和南美角蛙（*Ceratophrys cranwelli*）的雜交種雖然存在，現在被稱為 Cross 角蛙。但是目前除了一種亞馬遜角蛙和南美角蛙（*Ceratophrys cranwelli*）的混合種叫做夢幻（蝴蝶）角蛙以外，幾乎看不到其他這樣的個體。

T+ 的登場

　　最近有種叫 Pastel 的角蛙登場，是南美角蛙（*Ceratophrys cranwelli*）的彩色變化種。也叫做 T+（T Plus），是從一種名叫酪氨酸酶 Tyrosinase 的酵素取其第一個英文母命名而來的。

　　酪氨酸酶酵素和生物的黑色素形成有著密切關係，牠在黑色素合成的過程中是不可或缺的。白化品種就是一種無法生成黑色素的的種類，不知是因為遺傳基因欠損而無法生成酪氨酸酶，還是因為酪氨酸酶的活性不夠所造成的。而那酪氨酸酶唯一保有活性的物種就是 Pastel，也就

鐘角蛙和南美角蛙的雜交個體，名叫 Cross 角蛙，這樣的種類參雜在美國 CB 裡面，因此有人說「純粹的鐘角蛙已並不存在」。但是負責系統繁殖的人員說：追求那樣的事情，幾乎沒有，雖然有些飼養員為了新種類新品種而演進雜交種，不過那只是極少數派

是 T+。隨著成長，黑色素一點一滴慢慢累積的結果，牠的色調就變成前所未見的紋路。或許就是因為如此，才讓南美角蛙（*Ceratophrys cranwelli*）的彩色變化更為豐富吧。

　　飼養角蛙這件事其實是沒什麼難的，但如果是在原產地採集的個體，也就是被稱為 WC（Wild Caught）的話，飼養就會變得有點困難。原因大部分是取決於進口時的狀態好壞與否，裝角蛙的塑膠箱大小是否太狹窄？或是溼度保持不夠？…等，像這樣，不知道在出口當地是如何被飼養的問題也很多，所以會導致大家認為野生怎種飼養較困難吧。

　　和其他蛙類比起來，角蛙飼養雖然比較容易，但仍有許多未知的部份也是事實。我們很期待可以藉由本書的出刊，發掘更多飼養角蛙的樂趣、有效的飼養方法以及最合適的餌料及包含那些尚未進口的角蛙種類。關於角蛙類，仍有許多飼養樂趣等待著被發覺。

白化種南美角蛙 - 黃金角蛙（*Ceratophrys cranwelli*）。在白化種類中，有種萊姆綠杏色的種類，其顏色變化不只這些，而是有著各自不同的色彩變化

人工繁殖的亞馬遜角蛙。從蝌蚪上陸地才短短一週，且從它黑色喉嚨的特徵就能確認其品種。這一類型的角蛙，其綠色面積會伴隨著成長日益擴大

美國 CB 鐘角蛙。此類角蛙身體的側面圖紋會變細

被稱為萊姆綠白化種的淺色系白化種南美角蛙

5 公分大小的鐘角蛙

薄荷藍角蛙。圖紋內的顏色為中空

以偏黃的綠色為基調的綠色南美角蛙

CB 亞馬遜角蛙，綠色和棕色兩種類。與上一代的顏色無關，一經繁殖就能出現雙方的色調，以及在那中間的色調，總共三種

美國 CB 鐘角蛙。從正面看眼睛最上方的角很短，這就是鐘角蛙

白化種南美角蛙 - 黃金角蛙（*Ceratophrys cranwelli*）。日本國 CB 個體，深色圖樣的
外圍為白色，可說是很上相的個體

角蛙的身體

大大的頭，配上短短的前腳和後腳，在青蛙種類中給人一種滑稽的印象。

角蛙有著敦厚的體型，頭部就將近體長的三分之一。以身體的比例來說，前腳和後腳顯得有點短，這意味著牠將無法靈活地移動身體。鐘角蛙、南美角蛙（*Ceratophrys cranwelli*）和亞馬遜角蛙的嘴巴很大，大到可以一口吞下相對大型的獵物。一般鐘角蛙體長約 12 公分左右，而南美角蛙（*Ceratophrys cranwelli*）為 10~12 公分、亞馬遜角蛙為 8~15 公分長。最近鮮少進口的哥倫比亞角蛙屬於小型蛙，全長約 7~8 公分。

鐘角蛙
圓滾滾的身體，體寬幾乎等於體長，更加突顯出它短短的前後腳

暗調色

基調色

眼

鼻孔

口

前肢

後肢

腹部

鐘角蛙（全長 8 公分）的側面圖

南美角蛙（*Ceratophrys cranwelli*）全長 7 公分的側面圖

角狀突起

眼

暗調色

基調色

口

後肢

前肢

南美角蛙（*Ceratophrys cranwelli*）和鐘角蛙比較起來，
角狀突起較長，嘴巴也較往前突出，表情顯得精悍

眼上角狀突起特寫

鐘角蛙的前腳

鐘角蛙的後腳

　　英文名叫 Horned Frog，眼睛上方有個角狀突起，
這種青蛙在亞洲稱為角蛙。這個角狀突起是由眼瞼皮膚發
達生長成的，一般認為這是角蛙將身體埋在土中只露出眼
睛埋伏等待獵物時，為了要讓敵人難以分辨出牠眼睛的輪
廓。角狀突起的形狀，則根據角蛙種類的不同而異。

　　至於角狀突起的長度，亞馬遜角蛙最長，南美角蛙
（*Ceratophrys cranwelli*）和哥倫比亞角蛙差不多，鐘角
蛙最短。有人說幾乎不再進口的巴西角蛙（*Ceratophrys
aurita*）擁有最長的角狀突起，很希望有一天可以進口得
到讓我們親眼驗證看看。

　　側面斑紋的話，在 CB 個體有其各自不同種類的特
徵，難以說明清楚。雖然有人說這可能是因為用鐘角蛙或
是南美角蛙（*Ceratophrys cranwelli*）交配的關係，但觀
察實際流通的種類，大多數人都覺得鐘角蛙就是呈現鐘角

南美角蛙（*Ceratophrys cranwelli*）的臉。眼睛上方有著之所以被稱為角蛙的角狀突起，根據這個角的形狀及大小可以區分出它的種類

蛙的特徵，而南美角蛙（*Ceratophrys cranwelli*）就是呈現南美角蛙（*Ceratophrys cranwelli*）的特徵。鐘角蛙的基本體色是綠色、褐色和紅色這三種基調色，背面的斑紋則順著後腳方向逐漸變得細小。又，從本頁所附的鐘角蛙腹面圖一看就知道，側面和腹部都呈現黃色，包含前後腳都是，這就是鐘角蛙的特徵。而且，全身都看得到一粒粒的疣狀隆起。

南美角蛙（*Ceratophrys cranwelli*）的話，野地採集個體的基本色調有亮褐色及暗褐色，牠不像鐘角蛙那樣多彩亮麗。在暗色斑蚊中間參雜著紅色的個體，只有在南美角蛙（*Ceratophrys cranwelli*）的棕色品種中才看得到。雖然從頭到身體中間部分的側面暗色花紋和鐘角蛙非常類似，但

鐘角蛙（全長 9cm）的腹面圖

不管怎麼說，鐘角蛙的魅力就是在於它美麗多彩的體色。雖然食量大，很好養是它受歡迎的原因之一，但究其要因還是這美麗的迷彩花紋讓它脫穎而出的吧

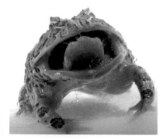

鐘角蛙的舌頭。大嘴及黏著力強的舌頭佔了將近身體的一半，捕獲獵物輕而易舉

是前腳附近的斑紋比鐘角蛙粗，前後腳到腹部並沒有呈現黃色。

　　至於哥倫比亞角蛙，雖然基調色有褐色、黃色和綠色等等，但並不是那麼絢麗。背部四個暗褐色的滴狀斑紋是牠的特徵，而且常在背面和側面會看到尖尖的疣狀突起。

　　亞馬遜角蛙大致可分為，茶色基調個體和綠色基調個體。從眼睛下方到臉頰部份並沒有像鐘角蛙或南美角蛙（*Ceratophrys cranwelli*）那樣的暗色斑蚊，而是在背部中央的兩側有兩條不定型排列的斑紋，暗色斑蚊很少。亞馬遜角蛙的特徵是，喉嚨顏色不分雌雄和繁殖期都是黑色的。

　　角蛙的瞳孔（虹彩花紋）會因種類不同而有所差異，仔細觀察後會發現趣味無窮。尤其是哥倫比亞角蛙的瞳孔，有著漂亮又左右對稱的橢圓形，虹彩部份的黑色花紋從瞳孔左右兩端呈現上下對稱的放射狀，關於此特徵請參閱本書 66~67 頁。亞馬遜角蛙的瞳孔，即使在非常明亮的環境下仍然很小不會放大。光是觀察眼睛的虹彩部份，最有趣的還是非角蛙類莫屬了。

角蛙的相關物種

角蛙歸類於細趾蟾科的角花蟾亞科角花蟾屬，它的相關物種有大口蛙之類的。

圓眼小丑蛙。以大口蛙的名稱為人所知，滑稽的姿態比起角蛙毫不遜色，打從進口就擄獲高人氣的一種蛙類

　　角蛙被歸類在細趾蟾科，約有 50 屬 800 種以上分布在北美南部到南美。以陸地性居多，外觀從四肢皆短到像紅蛙那樣的體型，各式各樣的種類都有。此科有紅斑蛙（*Leptodactylus laticeps*）、南美牛蛙（*Leptodactylus pentadactylus*）及智利巨蛙（*Caudiverbera caudiverbera*）為人所知，在細趾蟾科中有 3 屬 12 種被歸到角花蟾亞科 *Ceratophryinae*。

貓眼小丑蛙。瞳孔形狀猶如貓的
眼睛呈縱長狀，因而命名。又稱
為侏儒小丑蛙，近來很少見

　　角花蟾亞科除了有角蛙類的角花蟾屬以外，還有小丑
蛙屬以及波子角蛙屬。

　　小丑蛙屬與角蛙同樣有著高人氣，是以本屬記載
者 Samuel Budgett 的英文名字命名而來的，其中有個
受歡迎的圓眼小丑蛙。圓眼小丑蛙（*Lepidobatrachus
laevis*），是棲息在阿根廷到巴拉圭平原地帶的蛙類，生
活在河邊的沼澤或濕地。牠是小丑蛙屬中最大的族群，
如同其名，瞳孔是圓的。背上的細粒狀突起排成 V 字型，
也是其特徵之一。在冬季枯水期，會潛藏於地底作繭冬
眠。雌蛙在水草中一次可產卵約 2000 個，五天孵化成蝌
蚪，一個月左右蛻變為幼蛙。本種類即使在日本也有被繁
殖，牠的蝌蚪已具有蛙體帶著尾巴，呈現成蛙特徵的體
型。比角蛙類的蝌蚪體型較大，也吃幼蟲，但偏好吃青鱂
魚那種會動的生物。

　　貓眼小丑蛙（*Lepidobatrachus llanensis*），是棲息
在阿根廷的拉里奧哈平原和福爾摩沙省的蛙類，和圓眼小
丑蛙（*Lepidobatrachus laevis*）的相異點是眼睛瞳孔的形

圓眼小丑蛙是被歸類在角花蟾亞科的蛙類，幾乎不會到陸地上，連飼養也得用水族箱

狀。如同其名，貓眼小丑蛙的瞳孔在明亮的地方會像貓一樣變細呈縱長狀。以前偶爾會進口，現在也幾乎看不到了。

小丑蛙屬還有一種，叫十字小丑蛙（*Lepidobatrachus laevis* × *Lepidobatrachus llanensis*）L. asper。也有人說牠是圓眼小丑蛙和貓眼小丑蛙的雜交種，是一種未知尚待研究的蛙類。

會讓人聯想到淡水黃貂魚（赤魟）的圓眼小丑蛙蝌蚪。國內 CB 偶爾會有販賣

和其他蛙類的蝌蚪相比，體型完全不同，甚至會活吞一些像青鱂魚之類的小魚

被分類在廈谷蛙屬的廈谷穴蛙（*Chacophrys pierotti*），身長約 55mm 屬於小型種，棲息在阿根廷北部的格蘭查科、科爾多瓦、薩爾塔以及聖地亞哥 - 德爾埃斯特羅等地。生活在乾燥的草原，是種地中型的蛙類。帶點渾圓的體型和角蛙很類似。體色為綠色，夾雜著黑色或土紅色的斑紋。夏天大雨過後會一齊開始繁殖活動，在淺的水坑中一次可產卵約 500 個。幼蛙常會同類相食。依照牠的型態及生態特徵，一直被認為是角蛙屬和小丑蛙屬的交配種，直到 1987 年才被判定為是一種獨立的蛙種。

廈谷穴蛙也在日本國內 CB 流通著，由於牠要從蝌蚪期很小的時候開始養才會比較容易適應環境，因此在水質方面有許多繁雜注意的要點，最好能將牠的蝌蚪養在水質非常好的水裡。餌料方面，一般是用熱帶魚的餌料或是水煮過的波菜。雖然最近已經幾乎不在市面上流通，但牠可愛的姿態在角蛙愛好者中應該是很容易被接受吧。

Photo:Ryu Uchiyama

廈谷穴蛙
剛開始大家會認為這不是角蛙屬和小丑蛙屬的交配種嗎？因為它有著渾圓的體型，相當可愛。雖然被分類在不同屬，但它的姿態卻讓人覺得很像鐘角蛙的近親種

角蛙目錄

目前較容易入手的寵物角蛙，有鐘角蛙、南美角（*Ceratophrys cranwelli*）和亞馬遜角蛙等三種"夢幻"蛙，以及一種交配蛙種。接下來就為各位一一介紹吧！

鐘角蛙

目前作為寵物的角蛙種類大都是變異種，可區分如下：

鐘角蛙（*Ceratophrys ornata*）

南美角蛙（*Ceratophrys cranwelli*）

白化南美角蛙（*Ceratophrys cranwelli*）

萊姆綠白化南美角蛙（*Ceratophrys cranwelli*）

杏色（杏仁橘）南美角蛙（*Ceratophrys cranwelli*）

薄荷藍南美角蛙（*Ceratophrys cranwelli*）
從綠角蛙繁衍出來、呈現青綠色的南美角蛙其中一種的色彩變化。是在茨城縣的
『NUANCE』中培育出來的系列。

南美角蛙（*Ceratophrys cranwelli*）野
生 F1。隔了數年才在 2010 年從巴拉
圭航班進口的野生種培育出的 F1 個
體。雖然是從蝌蚪開始培育，但完全
沒有上一代野生個體難養的情況

綠色南美角蛙（*Ceratophrys cranwelli*）

薄荷藍南美角蛙（*Ceratophrys cranwelli*）

粉彩南美角蛙（*Ceratophrys cranwelli*）

亞馬遜角蛙（*Ceratophrys cornuta*）

夢幻（蝴蝶）角蛙（*C. cranwelli* X *C. cornuta*）

Cross 角蛙 （*C. cranwelli* X *C. ornata*）

　　包含南美角蛙（*Ceratophrys cranwelli*）的色變種在內，角蛙大致可分成以上各類。但實際上，只有鐘角蛙、南美角蛙（*Ceratophrys cranwelli*）、和亞馬遜角蛙這三種，白化個體、薄荷藍及其他色變種全都是從南美角蛙（*Ceratophrys cranwelli*）色變而來的。所以，把牠想成是從鐘角蛙（純血種1種）、南美角蛙（*Ceratophrys cranwelli*）（含色變種）及亞馬遜角蛙（純血種1種）這三種，衍生出的各式各樣品種，就比較容易理解了。

白化南美角蛙（左），及綠色南美角蛙（右）。將混有白化基因的綠色南美角蛙，和白化南美角蛙交配後，可產出將近半數的白化南美角蛙。這2隻就是從這樣的南美角蛙同類交配下所生出來的，有著微妙的色彩變化

夢幻（蝴蝶）角蛙
這是從全綠的亞馬遜雄角蛙和薄荷藍雌角蛙交配而來的。保有亞馬遜角蛙的姿態，
且是非常容易飼養的一種蛙類

鐘角蛙是最受歡迎的角蛙，牠並沒有白化種或是色變種。牠的色彩變化非常豐富，有全身呈現強烈紅色的「紅色鐘角蛙」，也有呈現單一綠色的「全綠鐘角蛙」。鐘角蛙的標準種是，在綠色底色上有著黑褐色花紋，腹部側面呈現黃色，紅色在身體各處都看得到。鐘角蛙的特徵就是身上有紅色，而其他角蛙並沒有。牠的腹部呈現黃色，這點也是鐘角蛙最大特徵之一。

南美角蛙（*Ceratophrys cranwelli*）的標準種是褐色的。嚴格來講，也包含底色褐色中含有綠色的品種。有著兩種色彩變化。大約從 30 年前就曾有過白化品種的出現，從那些品種及色彩變化產生出薄荷藍、萊姆綠白化種，最近更是用不完全白化和 T+（Tyrosinase plus）繁殖出所謂粉彩品種，讓南美角蛙（*Ceratophrys cranwelli*）的色彩變化有著跨步增加的傾向。

但是，從以前就一直被質疑的是，就算只看鐘角蛙和南美角蛙（*Ceratophrys cranwelli*）這兩種，「真的是純血種嗎？」。以前，筆者在爬蟲兩棲類的專門雜誌中也曾經看過「鐘角蛙全是雜交種」的斷論。那是因為，南美角蛙（*Ceratophrys cranwelli*）曾被當作鐘角蛙來流通，不管從哪裡都判別不出來的個體被流通的關係。尤其現狀是，就算想直接從生息地進口鐘角蛙的野生種也完全沒辦法；而且，以前角蛙的選育事業幾乎被美國獨佔，即使想在日本培育，前提是只能使用美國的 CB 個體。但是隨著國產 CB 增加，可看出某種程度的傾向，標記著鐘角蛙純血種所流通的個體，就能確信是純血種沒錯。Cross 角蛙的生育能力不高，種間雜種要產出下一個世代的比率非常低，從這點也能確認出來。其實，角蛙類是個很安定的種類，所以大家才能享受著每種個體各自的魅力。

白化南美角蛙-黃金角蛙。這是從蝌蚪期開始培育出來的，腹部周圍的發色方式是它的特徵，也有可能是因為欠缺色素之故。慢慢飼養可能會發現意想不到的變化樂趣

粉彩南美角蛙（*Ceratophrys cranwelli*）
在東京都的『生物堂』裡大約有 30 隻的色變
個體，隨著世代繁殖，培育出受酪氨酸酶影響
而有著葡萄眼的南美角蛙，被稱為粉彩南美角
蛙，其配色各式各樣

綠色南美角蛙（*Ceratophrys cranwelli*）
因為呈現帶點藍色的綠色，和薄荷藍難以
區分。如果乍看之下沒有藍色的感覺，就
把它當作綠色南美角蛙，這樣不就比較好
區分了嗎？

粉彩南美角蛙（*Ceratophrys cranwelli*）
全身呈現明亮綠色的粉彩南美角蛙，為了
區別也被稱為 T+（Tyrosinase plus）。這
個系統對於南美角蛙的將來發展性被賦予
很大的期待

鐘角蛙
有著綠、紅、黃,這種體色的鐘角蛙,是最受歡迎的體色之一,它的多樣性色彩是本種最大的魅力。在角蛙類中是最容易飼養的,這對飼養者來說也是件開心的事

鐘角蛙

學名: *Ceratophrys ornata*

分布: 阿根廷、烏拉圭、巴西一部分

體長: 10~14cm

　　最有人氣的一種角蛙。在角蛙類中,牠的色彩最多、最美麗,由紅色或黃色和綠色混雜而成的花紋非常漂亮。野生的話,會將身體一半埋入土中,等待經過眼前的獵物。被稱為埋伏型蛙類。飼養容易,加上幼蛙可愛的模樣,在水族列表和女性客群中人氣頗高。有人說牠的壽命在 10 年以上,長期下來更能體會飼養角蛙的樂趣。

　　剛開始被當成寵物蛙飼養是在美國,從 1970 年後期一直到 1980 前期。食慾旺盛的本種,在寵物市場首次登場時就造成廣大迴響,現在無論海外,幾乎全年都能入手大概 50 圓台幣大小的本種。牠多彩的樣貌及色彩變化之豐富,一次飼養多隻的愛好家也很多。

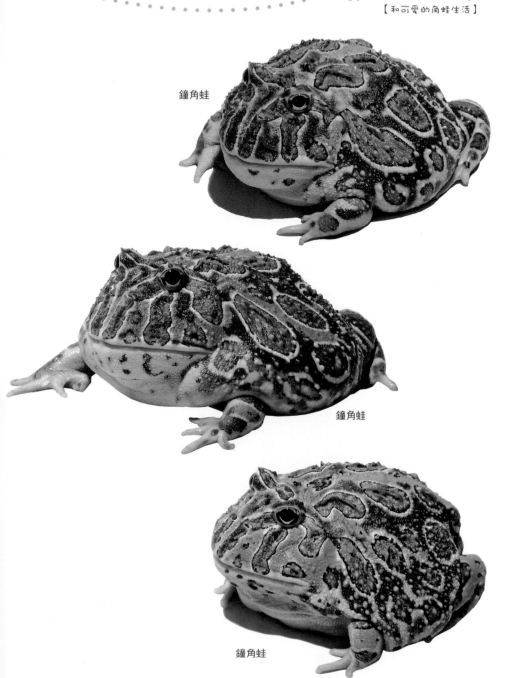

鐘角蛙

鐘角蛙

鐘角蛙

鐘角蛙
5 公分大小的鐘角蛙。這個時期食慾正旺盛，最好能確實餵它活的小魚

頭部有廣泛紅色的 4 公分大小鐘角蛙

4 公分大小的鐘角蛙

3 公分大小的鐘角蛙

4 公分大小的鐘角蛙

鐘角蛙
最容易見到的 4 公分大小鐘角蛙。有國產 CB 和美國 CB 在市面流通，選擇上也很有樂趣

鐘角蛙
略為小型的 3 公分個體。依蝌蚪期的營養狀態不同，而長成不同大小的成蛙

鐘角蛙
顏色及花紋的變化無窮。有時候會覺得這是兄弟嗎？其實應該還是有哪裡不一樣。就挑一隻自己最喜歡的來養吧

鐘角蛙
以綠色為基調色、13 公分大小的鮮豔雌成蛙。雖然有些飼養者為了讓它長得很大，而給予大量餵食，
但為避免龐大體型造成行動不變，尤其後肢負擔會過重，在餵食上還是要特別注意

鐘角蛙
12 公分大小的雌成蛙。是一般常見的花紋

鐘角蛙
12 公分大小的雄成蛙，基調色幾乎沒有綠色。從被稱為紅鐘角蛙而產出的個體

鐘角蛙
10 公分大小的雄成蛙。喉嚨鼓起
的部份是雄性發達的鳴囊，在環
境整頓好時會發出鳴叫聲，叫得
相當大聲

南美角蛙。12 公分大小的 CB 個體。基調色中夾雜著紅褐色，就是這樣才顯得美麗。前後肢或腹部側面，完全看不到像鐘角蛙那樣的泛黃

南美角蛙

學名： *Ceratophrys cranwelli*

分布： 阿根廷、巴拉圭、波利維亞、橫跨巴西的查科地區

體長： 8~12cm

　　和鐘角蛙一樣，都是最常見的一種角蛙。和鐘角蛙比起來，南美角蛙（*Ceratophrys cranwelli*）眼睛上方的角狀突起較長、嘴巴較尖、頭部較大一些。野地採集個體的體色為褐色，根據褐色的深淺可看到本種獨特的花紋。在美國及日本被廣泛地繁殖，目前日本的南美角蛙（*Ceratophrys cranwelli*）培育個體的品種較豐富而且強壯。

　　從棲息地罕見進口的野生個體雖也看得到，但比起 CB 個體，頭部較大、全體看起來肌肉較發達、腿力絕對比 CB 個體強，一下就能跳出塑膠箱之類的。某年早春進

南美角蛙 CB 的品種

野生南美角蛙的 F1。呈現綠色的個體

野生南美角蛙的 F1

口了野生的個體,馬上 WC F1 就上市了。這個 WC F1
就如同本頁所介紹的 2 個 4 公分大小的個體一樣,暗色
斑紋從褐色到帶點綠色、最後連基調色也都呈現綠色,有
著這麼多樣的色彩變化。強力呈現野生血統的系統之一就
是棕色南美角蛙(*Ceratophrys cranwelli*)吧。比起華麗
色變,而大受歡迎的薄荷藍或綠色南美角蛙(*Ceratophrys
cranwelli*),棕色南美角蛙(*Ceratophrys cranwelli*)雖
然沒有那麼高人氣,但看著 36~39 頁中的角蛙棕色變化
也會覺得很開心。

南美角蛙（*Ceratophrys cranwelli*）
有著較多紅褐色的棕色南美角蛙。雖然有人說
「紅色是鐘角蛙才獨有的發色」，但這隻棕色
南美角蛙的紅褐色和鐘角蛙卻沒有關係，只是
褐色的深淺不同而已

南美角蛙（*Ceratophrys cranwelli*）
上方及右方都是棕色南美角蛙的典型個體。這樣
的棕色南美角蛙色調越紮實，對於產出白化系統
的杏色品種越有利。如果想要享受飼養南美角蛙
的樂趣，一定要將棕色南美角蛙加入飼養名單中

南美角蛙（*Ceratophrys cranwelli*）
棕色南美角蛙的典型成蛙。看得出是南美角蛙中各方比例很好的出色雌蛙

由白化種及杏色種所交配出來的棕色個體

基調色中只有黃綠色的 4 公分大小個體

野生 F1。花紋屬於深綠色的那一型

野生 F1，花紋顏色較薄的那一型

綠色南美角蛙 12 公分大小的個體。雖然和薄荷藍南美角蛙的區分很困難，但每種個體的顏色不同正是綠色系南美角蛙的樂趣所在

綠色南美角蛙

學名：*Ceratophrys cranwelli*

分布：屬人工改良品種

體長：8~12cm

　　是基調色為綠色的南美角蛙（*Ceratophrys cranwelli*）的一種色彩變化。年前市售的野生南美角蛙（*Ceratophrys cranwelli*）的 F1 個體也看得到有呈現綠色的個體，所以南美角蛙（*Ceratophrys cranwelli*）不是只有褐色單一色，綠色為其原有顏色的可能性極高。以前，曾經因為呈現綠色而被懷疑是和鐘角蛙的交配種，其實這是在南美角蛙種內被培育而自然產出的種類吧。雖然呈現強烈藍綠色的薄荷藍南美角蛙（*Ceratophrys cranwelli*）人氣很高，和綠色南美角蛙（*Ceratophrys cranwelli*）的區別並不明確，但綠色南美角蛙（*Ceratophrys cranwelli*）比較有野性味吧？牠的綠色深淺在不同個體差異很大。

綠色南美角蛙（*Ceratophrys cranwelli*）
11 公分大小的雄成蛙。南美角蛙自從自美國進口 USA CB 之後，經過世代繁殖才產出這樣的配色吧

暗色斑紋是暗褐色、基調色是黃綠色的綠色南美角蛙

10 公分大小個體可說是綠色南美角蛙的典型個體

背部呈現綠色、10 公分大小的南美角蛙，可能是屬於
棕色南美角蛙的範圍

全身呈現黃綠色的南美角蛙

薄荷藍南美角蛙，這種個體比較
常見的是暗色斑紋，基本色調帶
有青綠色。是充滿魅力的色變型
中的一種

薄荷藍南美角蛙

學名：*Ceratophrys cranwelli*

分布：屬人工改良品種

體長：8~12cm

　　是基調色為藍綠色的南美角蛙（*Ceratophrys
cranwelli*）的色變種。右頁的三個體是培育成種蛙的個
體，有著令人驚艷的綠色。這個系統是由位於茨城縣的
『NUANCE』大津善人所作出來的，那已是10年前的事，
是從作為種蛙且普遍販售的USA CB作出來的。據說當
時作為種蛙使用的個體是帶著茶色的個體。『NUANCE』
從USA CB採集的綠色系統，作出來全部變成藍綠色
系統，而非前幾頁介紹的綠色南美角蛙（*Ceratophrys
cranwelli*）。這是為何？原因不明。但因為從這個薄
荷藍南美角蛙又衍生出了藤紫色個體，今後南美角蛙
（*Ceratophrys cranwelli*）究竟會產生出什麼樣的色彩組
合，讓人十分期待。

薄荷藍南美角蛙

薄荷藍南美角蛙

薄荷藍南美角蛙

薄荷藍南美角蛙（*Ceratophrys cranwelli*）
幼蛙時期的暗色斑紋隨著成長會有什麼樣的變
化？無法預期，但基調色的顏色仍殘留著藍綠
色。如果餵食它角蛙專用的人工飼料，將會發
現體色將變得更鮮豔

薄荷藍南美角蛙 10 公分大小的雄成蛙

薄荷藍南美角蛙（*Ceratophrys cranwelli*）
9 公分大小的薄荷藍南美角蛙，其顏色還
會有所變化

薄荷藍南美角蛙
基調色為帶著藍綠色的 11 公分大小成蛙。前、後肢色彩皆很有趣的個體

薄荷藍南美角蛙。4 公分

藍色較強的個體。4 公分

薄荷藍南美角蛙。4 公分

花紋裡面顏色較淡的個體。4 公分

南美角蛙（*Ceratophrys cranwelli*）的色彩變化

　　基本上，南美角蛙（*Ceratophrys cranwelli*）在市面流通的有薄荷藍、綠色、棕色、白化種（萊姆綠白化種）及杏色白化種，其色彩花紋有著無限的變化擴展空間。例如，從棕色和綠色的中間色、薄荷藍內的色彩差異、白化的深淺度、黃色及紅色的強、弱度開始，到斑紋有無白色邊或是斑紋之間的基調色有無其他顏色等等，百看不厭。只要一開始收集，就彷彿無邊無境般地無法停止，即使是同一種內的色彩變化也絕對會喚起深藏心中收藏家的靈魂。今後如果有機會看到南美角蛙（*Ceratophrys cranwelli*），稍微留心觀察一下，應該別有一番風味。

全身綠色的個體，連暗色花紋上都是綠色

有點薄荷藍的個體，但搭色較淡

接近典型的綠色南美角蛙，顏色較淡的個體

典型的綠色南美角蛙

與薄荷藍相互呼應的藍綠色個體

典型的薄荷藍南美角蛙

棕色南美角蛙

野生 F1 南美角蛙

萊姆綠南美角蛙

萊姆綠南美角蛙

萊姆綠白化種南美角蛙

白化種南美角蛙

黃色較強烈的萊姆綠南美角蛙

黃色較強烈的萊姆綠南美角蛙

白化種南美角蛙（黃金角蛙），
南美角蛙的白化品種。雖然和人
氣的萊姆綠白化種無法明確地區
分，但其暗色花紋在每個飼養者
的心裡知道就夠了

白化種南美角蛙（黃金角蛙）
學名：*Ceratophrys cranwelli*
分布：屬人工改良品種
體長：8~12cm

　　南美角蛙（*Ceratophrys cranwelli*）的白化品種，
1993 年在美國的固定培育中開始被作出來。雖然大部分
的生物是因為基因突變而產生白化現象，但在自然界中黃
白色的體色過於顯眼，因此也很容易被自然淘汰。

　　在大部份的生物中，當白化基因呈現為 a/a 隱性基因
時，會出現白化現象，此時眼睛沒有色素所以會呈現血液
的顏色，變成紅眼。相對於 a/a 基因，一般的南美角蛙基
因是寫為 A/A。為了要作出白化種，如果將白化品種互
相交配的話，理論上應該會變成 100% 白化。若和一般
色的白化種交配的話，第一代會產出 A/a，雖然顏色看起

白化種南美角蛙（黃金角蛙）

體色較深 5 公分大小的白化種南美角蛙

4 公分大小白化種南美角蛙

來還是正常色，但基因已經變成白化異質型。再將牠與白化種交配的話，有 50% 機率可作出白化種。

　　一旦變成白化種，到底是曾哪個色彩系統作出來的，也就無從判斷了。但是，在此介紹的白化種南美角蛙可能是從棕色或是綠色系統中作出來的吧。正常顏色品種的暗色花紋深色部份，即使變成白化種也多少可以看出一點點深色度。但在販賣時並沒有特別區分，因此幼蛙會變成什麼顏色就不得而知了。正因為如此，飼養樂趣才會更顯得無窮。

白化種南美角蛙
體側暗色斑紋的顏色會如何變化？
每隻個體都有其不同的飼養樂趣

白化種南美角蛙與萊姆綠南美角蛙
很難明確地區分

白化種南美角蛙
此個體暗色斑紋的橙色很深，斑紋的白色邊為其特徵。這個暗色斑紋的顏色越深，越能感受它白化的程度

白化種南美角蛙

眼睛上方及腹部皆可看到淡淡的綠色

正要上陸。若不準備陸地場，會溺死

長出前肢的白化種南美角蛙

萊姆綠白化南美角蛙，粗壯體型 8
公分大小的萊姆綠白化種。黃色
強烈，後肢週邊腹側的暗色花紋
幾乎全是黃色

萊姆綠白化南美角蛙

學名：*Ceratophrys cranwelli*

分布：屬人工改良品種

體長：8~12cm

　　南美角蛙（*Ceratophrys cranwelli*）的色變種之一。
比起一般的白化種，還是有少許淡淡的顏色。隨著成長，
黃色有越來越強烈的傾向。這個系統是由位於茨城縣的
『NUANCE』大津善人所作出來的，幾乎與作出薄荷藍
南美角蛙同期，是從白化種南美角蛙做出來的，也因此確
立了整個系統。薄荷藍也一樣，這個萊姆綠白化種出現
之後，在『NUANCE』就不再出現一般的白化種。是因
為水質的關係嗎？還是因為整個系統固定過程所導致的，
目前無解。在稱為萊姆綠的系統中，從 50 元台幣大小時
開始，就能看到黃色逐漸變為強烈，即使在這時期顏色變
淡，但隨著成長也會變成很漂亮的顏色。

萊姆綠白化南美角蛙

萊姆綠白化南美角蛙

萊姆綠白化南美角蛙

萊姆綠白化南美角蛙（*Ceratophrys cranwelli*）
長到可上陸地吃餌時體型就變得很健壯。順利長到 4 公分大小時就能安心了

腹部周圍沒有花紋 4 公分大小的個體

有著較深色 4 公分大小的個體

典型的 4 公分大小個體

體色明亮的 4 公分大小個體

萊姆綠白化南美角蛙（*Ceratophrys cranwelli*）
4 公分大小的個體。萊姆綠白化種會隨著成長
變得偏向黃色

萊姆綠白化南美角蛙（*Ceratophrys cranwelli*）
典型 4 公分大小帶著淡黃色的個體

萊姆綠白化南美角蛙（*Ceratophrys cranwelli*）
基調色的黃色較為強烈的 4 公分大小個體。接
近腹側的暗色斑紋上也是黃色，將來是趣味無
窮的個體

杏色白化南美角蛙白化種南美角
蛙的一個系統，身體顏色大多是
紅褐色

11 公分大小的成蛙

9 公分大小的成蛙

杏色（杏仁橘）白化南美角蛙

學名： *Ceratophrys cranwelli*

分布： 屬人工改良品種

體長： 8~12cm

　　從南美角蛙（*Ceratophrys cranwelli*）白化品種而來
的色變種。幼蛙時期大多是粉紅色，隨著成長會轉成橘
色。這個系統是由位於茨城縣的『NUANCE』大津善人
所作出來的，大概是 12 年以前的事了，在出現當時被稱
為"橘子"。這是從白化種南美角蛙互相交配產出的，出
現了基調色為強烈橘色的個體，橘色佈滿全身，因此被冠
上新的品種名稱。

　　大概有些人會認為牠是從棕色南美角蛙作來的，但是
從牠全身基調色上佈滿不規則的紅褐色花紋來看，應該看
得出來跟以黃色為基調的一般白化種還是有些不一樣吧。

杏色白化南美角蛙

表面為強烈紅褐色的 4 公分優良杏色白化種

表面為強烈紅褐色的 4 公分優良杏色白化種

一眼就能看出它的基調配色和一
般白化種南美角蛙不同

　　即使是杏色白化種也有顏色的深淺不同，有些是帶
著強烈紅色，有些品種甚至比一般白化種南美角蛙的顏色
更深。雖然牠在南美角蛙的白化系統中屬於罕見的系統，
但國內 CB 個體有在流通，因此可以一邊注意發貨狀況，
一邊尋找入手的機會。

　　南美角蛙（*Ceratophrys cranwelli*）的白化系統可大
致分成白化種、萊姆綠白化、杏色白化三種，一旦持續玩
味牠的顏色差異，就會被牠無窮的樂趣所擄獲。

被稱為粉彩葡萄眼的白化種南美角蛙

　　是由位於東京都杉並區的『生物堂』所作出來的，一種不完全白化的南美角蛙（*Ceratophrys cranwelli*）。生物的黑色素生成過程中，和一種叫做酪氨酸酶的酵素有很大關係。酪氨酸酶是黑色素合成過程中不可或缺的東西，而白化現象究竟是因為遺傳訊息傳遞不良而無法生成酪氨酸酶，還是因為酪氨酸酶本身活性不足的緣故，而無法生成黑色素。那個酪氨酸酶僅有少許活性的，就是粉彩、T+。眼睛顏色是激近黑色的深酒紅色、基調色根據部位而有不同顏色的粉彩品種，牠的每隻個體的色彩變化都很大，應該是大受矚目的種類之一吧！

粉彩南美角蛙
眼珠相當黑，是很深的酒紅色，根據光的反射角度看得到一點紅色

粉彩南美角蛙。9 公分

粉彩南美角蛙。9 公分

粉彩南美角蛙（*Ceratophrys cranwelli*）
有著葡萄眼又叫不完全白化種的粉彩品種，基調色的搭色和一般綠色南美角蛙雷同

粉彩南美角蛙。9 公分

粉彩南美角蛙。5 公分

粉彩南美角蛙。5 公分

粉彩南美角蛙。3 公分

由在『NUANCE』產出欠缺色素的南美角蛙。

　　大家都知道培育角蛙的第一人為大津善人，牠的農場從鐘角蛙、亞馬遜角蛙開始，
到南美角蛙都有繁殖。但在南美角蛙中，偶而會出現並非白化，但是欠缺色素的個體。
在這邊介紹的個體，就是『NUANCE』產出欠缺色素的個體。為何會出現這樣的個體？
我們仍存在著許多疑問，但將這樣的個體作為種蛙，其產出欠缺色素個體的發生率亦將
緩步升高。

在爬行動物展中展示的色素欠缺個體

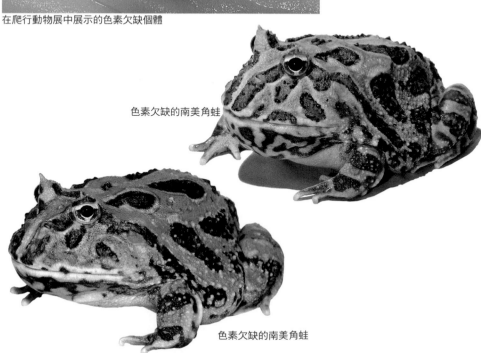

色素欠缺的南美角蛙

色素欠缺的南美角蛙

三種同顏色的色素欠缺南美角蛙個體

頭部有明顯色素欠缺的薄荷藍南美角蛙

萊姆綠白化種的色素欠缺個體

藤紫色的色素欠缺個體

有趣體色的色素欠缺個體

亞馬遜角蛙（＝蘇利南角蛙）
偶而由蘇利南航班進口的野生個體。其中有著到目前為止很少且綠色範圍很廣的個體，可說是幾乎全綠的個體。它並不是隨時都能進口，而是要集中在同一時間進口，但在那之後就看不到的例子也很多

亞馬遜角蛙（＝蘇利南角蛙）
學名：*Ceratophrys cornuta*
分布：廣泛分布在亞馬遜河流域
體長：10~13cm

　　眼睛上方的角狀突起很長，飄散著野性味的樣貌，算是在角蛙界中有很高人氣的一個種類。野生個體的成蛙，雖然有著獨特的體型和樣貌，但很神經質也有寄生蟲的問題，進口後就馬上賣出去，在飼養初期相當麻煩。雖然牠在野生地主食青蛙，也有人用青蛙當誘餌，但一開始還是用金魚等魚類當誘餌會比較好。

　　亞馬遜角蛙大部分是從米色到褐色作為牠的基調色彩，但是綠色個體、綠色和褐色各半的個體也有，尤其是綠色個體相當稀少，有日益珍貴的傾向。一般進口的個體大約 7~10 公分左右，厄瓜多爾產的個體顏色較深而且巨大。

亞馬遜角蛙（＝蘇利南角蛙）

眼睛上方的角最長的亞馬遜角蛙

連結兩個角的紋路也是本種特徵

雖然還有著長尾巴，但這時期已
完全長出雙腳會開始爬上陸地

以前本種的野生個體在人工飼育下很難繁殖，但最近國內 CB 個體已經開始上市，各種不同顏色類型的入手機會也跟著增加。雖然和野生種比起來 CB 個體較為好養，但即使是 CB 個體，要將本種養到成蛙也不容易，是個不好養的種類。尤其 CB（人工）個體是從 WC（野生）個體互相配對而產出的，非常神經質，飼養難度很高。即使現在也很少流通穩定的本種 CB，其最大的原因就是根本無法將 CB 個體養到成蛙。

從蝌蚪變為蛙體後的尺寸大約是台幣 1 圓大小，比其他角蛙來得小。變身後，初期給餌以青鱂魚之類的較適合，若給牠其他的餌，即使牠吃了，不久後也會崩潰死亡，這種事常發生。因為魚類牠才能確實消化，飼養時要好好整頓環境，也要小心注意給餌量。

亞馬遜角蛙（野生個體）
亞馬遜角蛙眼睛上方的角狀突起非常長，本種的表情也是它的特徵之一

亞馬遜角蛙（野生個體）
12 公分大小的野生個體。剛開始進口時養在狹小的飼養容器，嘴巴前端容易碰撞到，這點要注意

亞馬遜角蛙（野生個體）
蘇利南航班進口的棕色型野生個體。與其他角蛙相比，在腰骨方面給人偏瘦的印象，其實這就是本種野生個體正常的體型

亞馬遜角蛙國內 CB。約 5 公分的棕色型

國內 CB 全綠型。體長約 6 公分

體長約 3 公分的綠色型。餌料以青鱂魚較適合

上陸後 10 天左右的棕色型。體長約 3 公分

哥倫比亞角蛙
哥倫比亞角蛙的成蛙。正擺出威
脅姿勢。哥倫比亞角蛙的特徵是
瞳孔，特別是白眼球的部份上下
皆形成梯型，因此比起其他角蛙
類較容易判別

哥倫比亞角蛙
學名：*Ceratophrys calcarata*
分布：從哥倫比亞東北部到委內瑞拉
體長：5~7cm

　　在角蛙類中屬於小型種，即使長大後也頂多 7 公分。
一般棲息

　　在比較乾燥的地域，主食為昆蟲之類的。不會太華
麗，也不會太樸素，嬌小的感覺很可愛是牠的特徵，也有
愛好者提出在角蛙類中這是他最喜歡的一個種類。作為寵
物蛙的歷史久遠，打從 1960 年代開始在美國就有人飼養
了。當時，大多數的哥倫比亞角蛙都是從哥倫比亞進口到
美國，多為成蛙，抵達後不好餵食，被當成是一種不好飼
養的蛙類。

　　最近，從野生地的進貨幾乎沒有了。以前，CB 個體
有時候會從美國進口到日本，現在這條管道也沒有了。

哥倫比亞角蛙
一種嬌小可愛的角蛙，剛進口時曾擄獲得超高人氣。希望無論如何都要能再進口的一種蛙類

Photo:Ryu Uchiyama

由 USA CB 進口的哥倫比亞角蛙
幼蛙。以前進口時是相當小的個
體

Photo:Hiroaki Kimura

在美國拍攝的哥倫比亞角蛙

　　哥倫比亞角蛙的瞳孔，是左右對稱的漂亮橢圓形，虹
膜部份從瞳孔左右兩端開始形成上下對稱的放射狀黑色
花紋。白眼球的部份是上下皆形成梯型。是被人期待能再
度進口，並且國產化的一種蛙類。

綠色夢幻（蝴蝶）角蛙
9 公分大小的夢幻角蛙。是南美角
蛙（*Ceratophrys cranwelli*）和亞
馬遜角蛙（＝蘇利南角蛙）的種
間混血種，保有兩種蛙的特徵，
樣貌獨特。不知是否因為混血強
性的關係，是種非常強健的角蛙

夢幻（蝴蝶）角蛙

學名：*C. cranwelli* X *C. cornuta*

分布：種間混血種

體長：10~12cm

　　南美角蛙（*Ceratophrys cranwelli*）和亞馬遜角蛙（＝
蘇利南角蛙）的種間混血種從很久以前就為人所知，被當
成角蛙的一種在市面販售。所謂夢幻（蝴蝶）角蛙，一開
始是美國飼養者將南美角蛙（*Ceratophrys cranwelli*）和
亞馬遜角蛙（＝蘇利南角蛙）交配作出來以商品名"D&M
Fantasy"販賣，其他的飼養者則是以哥倫比亞角蛙和南
美角蛙交配，將其名為"Pacman' s Fantasy"開始販賣。

　　以前，將這些雜交種總稱為"幻想"角蛙、夢幻
（蝴蝶）角蛙和 Cross 角蛙。現在，只有南美角蛙
（*Ceratophrys cranwelli*）和亞馬遜角蛙（＝蘇利南角蛙）
的種間混血種才叫做夢幻（蝴蝶）角蛙，鐘角蛙和南美角
蛙（*Ceratophrys cranwelli*）的雜交種則稱為 Cross 角蛙，
以此區分。

棕色夢幻角蛙
看得到亞馬遜角蛙的長角風貌,也保有南美角蛙的健壯,是種強壯且好養的角蛙。它的發育很早,
大型化的傾向也很強

茶色強烈的國內 CB 個體,體長約 4 公分

綠色範圍廣的國內 CB 個體,體長約 5 公分

綠色夢幻角蛙,11 公分

棕色夢幻角蛙,12 公分

Cross 角蛙
種間混血種的典型個體。體色來
自鐘角蛙，嘴長來自南美角蛙，
雙眼間隔則有著介於兩種蛙類之
間的感覺。最近幾乎看不到這種
蛙，像這種個體當初在流通時，
應該會有「鐘角蛙和南美角蛙的
雜交種很多」這樣的發表吧。因
為生育能力很弱，大概不會有人
以這種蛙類來進行世代繁殖

Cross 角蛙
學名：C.cranwelli X C.ornata
分布：種間混血種
體長：10~12cm

　　鐘角蛙和南美角蛙（Ceratophrys cranwelli）的雜交
個體稱為 Cross 角蛙。現在幾乎看不到這個類型，國產
角蛙的工作人員除了有研究上的用意以外，基本上並不會
讓鐘角蛙和南美角蛙（Ceratophrys cranwelli）交配。因
為工作人員的目的是在生產可以當作商品販賣的角蛙，完
全沒有必要特意將人氣高的鐘角蛙和色彩變化豐富的南
美角蛙（Ceratophrys cranwelli）做交配。USA CB 並沒
有否認這種類型混雜的可能性，但是在各種變異種類豐富
的今天，並不需要這種類型。而且不管哪個種類，工作人
員亦希望有純血統。尤其是，幾乎所有的愛好者都反對將
非常相似的鐘角蛙和南美角蛙（Ceratophrys cranwelli）
做交配。

Cross 角蛙
10 公分大小的個體。整體看來很像鐘角蛙，嘴長則介於和南美角蛙之間的長度

Cross 角蛙，10 公分

Cross 角蛙，10 公分

又紅又華麗，多彩的體色是來自鐘角蛙的強力
特徵，10 公分

眼睛上方的角狀突起長度，是承襲自南美角蛙

基本的飼養

如果將角蛙類確實管理好的話，它就能發揮天生
的強健體魄，是種很好飼養的陸地性蛙類。

鐘角蛙

飼養鐘角蛙和南美角蛙（*Ceratophrys cranwelli*）時，
一般是養在塑膠寵物箱中。角蛙不太有空間感，箱子的大
小對成長沒有任何差別，即使這樣說也不為過。

又，因為角蛙平時不太會動，就算為牠準備特大的容
器，牠也是窩在同一個地方不動，所以給牠太多空間基本
沒有什麼意義。如果硬要說，有什麼優點的話，大概就是
寬敞的基地面積比起狹小容器在排泄物累積很多時也不
會太快讓飼養環境惡化。由於角蛙的食量很大，新陳代謝

4 公分大小的南美角蛙。照片雖然是兩隻一起拍攝的，但基本上就算同等尺寸也要單獨飼養

也很旺盛，所以一定要勤於照顧才行。玻璃缸很重，就算不去考慮牠有碎掉的風險，維護起來很困難，就算想用水稍微沖洗一下，也因為很重，讓管理工作變得很辛苦。

一旦開始飼養角蛙，會希望從牠豐富的色彩變化來享受收集的樂趣，所以最好多準備幾個容器，這樣的管理模式也會讓維護工作變得比較容易。建議各位使用易於處理的塑膠寵物箱，用心管理。在塑膠寵物箱裡鋪上羊毛氈，然後注入和羊毛氈厚度相同高度的水位，這樣的管理最簡單。

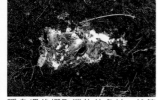

隱身埋伏攫取獵物的角蛙。就算飼養，也可以觀察到這種習性

角蛙類本來就是潛入土中生活的蛙類，並不是生活在水中。因此，是為了保持溼度才加水進去的。

初養的角蛙

剛開始飼養角蛙時，被建議的種類，首推鐘角蛙。鐘角蛙食慾旺盛，是非常容易飼養的種類。如果您想要開始

飼養角蛙的代表例：從左上角開始順時鐘方向，依序為水苔、椰土、羊毛氈及水養。每種方法都有各自不同的特性，考量後選擇一個最適合自己的飼養方式

鋪紅土砂的飼養法。一有濕氣就會變色，便於觀察水氣的狀況

挑戰飼養角蛙，卻又不知該選哪一種，建議您從鐘角蛙下手。

其次，廣受歡迎的南美角蛙（*Ceratophrys cranwelli*）也因食慾旺盛，成為一種容易飼養的角蛙。南美角蛙（*Ceratophrys cranwelli*）的樂趣在於有著豐富的色彩變化，市面上販賣的有棕色、綠色、薄荷藍、白化種、萊姆綠白化種、杏色白化種以及粉彩種，可以盡情玩味每種個體不同的樂趣。

如果要以強健性來選的話，有一種叫做夢幻（蝴蝶）角蛙是南美角蛙（*Ceratophrys cranwelli*）和亞馬遜角蛙（＝蘇利南角蛙）的種間混血種，在商業界很流通。牠完全發揮種間強性，是種非常好養的角蛙。只是，排斥種間混血種的人似乎也不少，選夢幻（蝴蝶）角蛙時也很容易辨別。以前，曾經流通過一種叫 Cross 角蛙，是南美角蛙（*Ceratophrys cranwelli*）和鐘角蛙的種間混血種，這種個體非常氾濫，很有可能損害角蛙本身的魅力，所以還是想要強烈地保有純血種的心情。

人氣的亞馬遜角蛙（＝蘇利南角蛙），在角蛙界算是非常珍貴，牠的 WC 個體有某種程度的流通時期。常聽聞國內 CB 的幼蛙頻繁地被繁殖，但實際上要將這個亞馬遜角蛙養到成蛙有非常多的困難點。從 WC 個體之間配對產出的 CB 個體很神經質，飼養難度高。產出的個體本身沒有問題，蝌蚪健康地被飼養，也順利地變身成蛙體。但是，變身後的蛙體大概 1 圓日幣大小，並不是根據蝌蚪期的給餌量來決定大小。

變身後的初期餌料，以青鱂魚之類的魚類最為合適。給牠那青鱂魚以外的餌料，吃完身體狀態馬上惡化，幾乎沒有例外。可說是一個很難長期飼養例的種類，因此比較適合擅於飼養其他角蛙類的老手。

飼養的基本

飼養角蛙時，飼養箱基本上一般都使用塑膠寵物箱。

由於角蛙類是完全動物食性，所以在賣觀賞魚或兩棲爬蟲類的店裡，可買到蟋蟀或當做餌料的青鱂魚和小金魚之類的餵食牠就可以了。巨型黃粉蟲（又稱麵包蟲）之類的話，對於會生吞誘餌的角蛙來說，黃粉蟲（又稱麵包蟲）可能會傷害角蛙的內臟，雖然容易入手，但還是儘量不要使用比較安全。其他例如淡水魚、泥鰍、粉紅鼠和人工飼料等等，有各式各樣的餌料，只要根據自己的飼養方式給牠適合的餌料就可以了。

白化種南美角蛙 - 黃金角蛙，根據每個不同個體，觀察牠的給餌及排便次數，這是很重要的事情

極少進口的南美角蛙，
野生採集個體。亞馬遜
角蛙和本種雖然有輸入
野生採集個體，但還是
先習慣角蛙 CB 個體的
飼養之後，再試著飼養
比較安全。畢竟野生地
採集個體的飼養還是有
其困難度所在

在椰土上挖個坑把自己窩在裡面
的亞馬遜角蛙

　　如果只餵食蟋蟀或昆蟲，會有營養不良的傾向，可以的話也給蟋蟀投餌，在高熱量的狀態下餵食給角蛙。「Pacman Food」之類的人工飼料很普及，也讓飼養角蛙變得更有趣。就算只餵食人工飼料，在成長、成熟及繁殖各方面也能得到不錯的效果。

　　水分的話，角蛙就像蟾蜍一樣，原本是潛入土中生活的，如果在塑膠寵物箱中單單只有用水飼養的話，可能會發生照顧不周全的狀況。角蛙的腳力也會有變弱的傾向。建議大家先鋪一層使用在魚缸上部過濾器的羊毛氈，再注入與羊毛氈相同高度的水以保持溼度，這是簡單又容易照顧的飼養方法。

　　但是，對於神經質個體，這個羊毛氈飼養法有時候並不適用。用羊毛氈飼養時，腹部長期接觸水面，有些角蛙會感覺不太舒服。此時，就必須幫牠做個腹部沒有浸泡到水的狀態。首先要知道「潮濕」跟「浸濕」兩者不同的地方。有時後僅是從注入水的羊毛氈環境中，改成用餐巾紙稍微沾溼的環境，就能讓原本厭食的個體突然吃起餌料來。

體長 4 公分左右的鐘角蛙。國產 CB 及美國 CB 都經常流通，是最常見的大小。第一眼如果覺得沒有什麼異狀，大概飼養就沒問題。平常多注意飼養容器的髒污，並且餵食足夠餌料的話，不久就能長到 7 公分左右粗壯的體型

Pica 公司製的鋁室內溫箱。組裝容易、隔間簡便、貨架或面板發熱器之類的附屬品也很多，對於飼養兩棲類或爬蟲類很方便，可以整齊容納多個塑膠寵物箱

根據飼養個體，若需要給牠餐巾紙或黑土、棕櫚墊的飼養環境，也要事先設想好。鐘角蛙和南美角蛙（*Ceratophrys cranwelli*）比起來，南美角蛙（*Ceratophrys cranwelli*）在有點潮濕的環境下，狀態往往會比較好。根據每隻個體的習性，餵食或照顧牠時仔細觀察並且調整成牠喜歡的環境，這是飼養者的義務。

以棕櫚墊或黑土飼養，對角蛙類來說也是很理想的環境。保持適當的濕度，較容易營造出接近自然的環境。缺點就是，潛入土中的青蛙常不見蹤影，確認排糞狀況有點困難。但如果飼養者習慣了這樣的作法，亦不失為飼養角蛙的方法之一。

關於濕度，最好是稍微濕一點。用塑膠寵物箱飼養時，因為底部常常是有水的狀態，塑膠寵物箱的蓋子也大都是緊閉著，所以塑膠寵物箱內的濕度會比房間濕度高一點。因此，只要房間不是特別乾燥，就不必太費心於濕度的控制。一旦變得乾燥，青蛙的背部就會變乾。在這狀態下會變得食慾不振。

塑膠寵物箱有各式各樣的尺寸，可根據飼養中的角蛙大小選出合適的。用分隔板可將兩隻較小的個體養在同一個容器中，塑膠寵物箱很輕所以搬運方便，也可以疊在一起使用

角蛙本來的習性就是，一旦感到乾燥，就會認為是乾季而進入休眠狀態。此時皮膚黏膜會變乾，包住整個身體，這是為了度過乾季的一種對應行為，稱為結繭。這是誘導產卵所必要的行為，通常被飼養的角蛙是不需要進入這個狀態的。

溫度及給餌

至於適合飼養角蛙的溫度，人類覺得舒服的溫度，角蛙應該也一樣吧，這樣想就可以了。角蛙和人類一樣，盛夏或隆冬都需要溫度管理。譬如說，溫度 30℃的話，短時間內還受得了，但若是持續 24 小時或數日，角蛙的身體狀況就會變差。白天 30℃，晚上 25℃左右的環境還可以飼養。但是，在盛夏因為吹冷氣溫度過低，24 小時在 20℃的環境下，身體會有崩壞的可能性。本來，角蛙即使在 20℃以下的溫度也十分耐冷，但在盛夏冷氣吹過頭、24 小時一直處於氣溫 20℃的話，牠和人類一樣身體狀況就會變差。

角蛙的適合溫度是 22~28℃。冬季會使用面板發熱器，是一般的保暖方法。此時，接觸箱底的腹部雖然是暖

位於茨城縣『NUANCE』大津善人的角蛙倉庫之一角。塑膠寵物箱疊了三層，底部皆鋪著羊毛氈進行飼養。大部分的角蛙，而且大都是種蛙被庫存在這兒，要花費很長時間來照料牠們

和的，但暴露於外部空氣的背部卻呈現低溫狀態，反而會讓身體崩壞。因此，必須特別準備一個可以放入整個飼養箱的水缸或是儲物箱，蓋子蓋起來讓箱內的溫度保持恆溫。儘管如此，還是要注意通風不要悶濕，做出適合每隻個體的飼養環境。

角蛙類不需要每天餵餌。原本在野生環境大約是每週一次捕食獵物，因此如果是在適溫範圍內的話，幼蛙每 1~3 天一次、超過 5 公分的蛙每 3~5 天一次餵餌就可以了。餵食時，雖然只是為了要給牠們吃而已，但基本上還是要注意吃「八分飽」就好，不要硬塞太大的餌給牠們吃，這點很重要。

高溫下，角蛙類的代謝變得很活躍。進食到消化的時間縮短，會馬上排便弄髒底部。而且高溫時角蛙會馬上吸入銨成分，一眨眼時間就自身中毒救不回來。如果要外出幾天的話，控制給餌量減少排便也是方法之一。又，為了讓銨濃度不要太高，多放一些水也不錯。或是移到較大的箱子，鋪兩層羊毛氈增加水量也是個好方法。這樣多少可以避免發生一些麻煩事。

最重要的照顧工作

　　照顧食慾旺盛的角蛙類，最重要的事情就是經常保持飼養箱的整潔。如果以之前舉例的方式來餵食的話，一週大概排便 1~2 次。一看到有糞便，就要馬上清洗箱內，這點很重要。如果置之不理，可能會吸入從皮膚或糞尿排出的氨氣，引起自身中毒、發炎、甚至最嚴重會導致死亡。如果經常餵食的話，就算一週排便 2~3 次也不算奇怪，如果鋪有羊毛氈的話，每一次都要將羊毛氈仔細清洗，同時飼養箱也要清洗乾淨。如果是用塑膠寵物箱飼養時，就清洗一個箱子的羊毛氈，清洗箱子的話要清洗長達 3 分鐘，像這樣用心照料管理，才能養出健康的角蛙。

　　在寒冷季節或不排便時，一週左右不清洗也沒關係，但儘管如此，還是希望可以一週整理一次。另外，至於飼養用的水，即使使用可能會含氯的自來水也沒問題，但如果您會擔心的話，可以利用水質穩定劑將水中的氯中和之後再使用。

購買當時為 4 公分左右的個體，飼養 2 週後的鐘角蛙。體長超過 5 公分，身形也變得粗壯。覺得好像會有人給它餌吃，所以朝上看著這邊。像這樣偶然出現的可愛表情，也是促使她們人氣飆升的原因

底層鋪上黑土，讓角蛙帶有點乾
燥的環境下可以讓它保有漂亮的
皮膚。這樣的方法等比較習慣飼
養角蛙之後再做比較好

　　照料時，就算把青蛙抓起來也不會給牠太大壓力，所以只要不是太長時間，即使碰觸到牠也沒關係。小心不要被牠咬到，牢牢地抓住青蛙兩個前肢的後方，相當於人類腋下的部份，就能輕鬆地移動牠。被大隻角蛙咬到會很痛，但被小蛙咬到卻沒什麼。

觀察

　　關於角蛙飼養的環境、餵食方法等，基礎常識都能從書籍或網路上得到資訊。但因為角蛙是被管理的，所以還是要靠飼養者的觀察力，對角蛙抱持著興趣，讓角蛙和人們都能開心舒適地生活，才是重點。

　　至於角蛙的性格、飼養者的性格、飼養區域及環境、或是餵食方法等，要怎樣做才是最好的，並沒有一定的方法。飼養者要仔細地觀察角蛙，看看牠「有沒有精神？」「肚子餓了嗎？」「和平常有無異樣？」等等，當飼養者觀察出角蛙正在想什麼，就像可以跟角蛙「講話、溝通」似的，這時候不論對角蛙或是對飼養者而言，都有種幸福的感覺。希望大家都能跟魅力無窮的角蛙相處愉快。

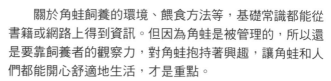

在水族店就買得到的黑土

飼養器具先準備好

飼養角蛙時，不需要特別準備什麼飼養器具。
只要有觀賞魚用品店或爬蟲兩棲類用品中販
賣的基本器具就可以馬上開始飼養了。

綠色南美角蛙

從觀賞魚到爬蟲兩棲類的相關飼養器具，日益進步。
魚缸是最基本的飼養器具，以前都是玻璃製的，現在隨著
塑膠或壓克力產品的普及，有各式各樣的尺寸及外型可供
選擇。另外，暖氣或加熱器之類的電器產品也大多 IC 化
了，不但操作簡單而且耐用，到處都買得到。越來越多的
器具不但看起來精緻，擺在桌上也不覺得突兀，讓飼養角
蛙越來越有趣。

　　幾乎所有的飼養器具都能長年使用，所以一開始飼
養時，就先想好自己要的飼養模式以及要準備什麼樣的器

上陸沒多久、體長接近 4 公分的夢幻（蝴蝶）角蛙。本種強健好養，食欲非常旺盛

具比較好。要考慮到各種情況，例如「飼養容器的擺放位置在哪裡？」「在那個擺放空間可以容納幾個、多大尺寸的容器？」「要飼養哪種角蛙？幾隻？」「將來要不要讓牠繁殖」「是否要收集各種不同種類、花色及樣貌的個體？」，仔細思考後再購買合乎這些條件的產品。

當然，很少有人會一口氣就買了 10 個容器。即使有打算要收集的人，花時間慢慢挑選自己喜歡的個體，也比一次買齊來得開心多了。剛開始先準備好要飼養第一隻所必備的東西，之後再根據自己想要的飼養模式慢慢增加，這才是最理想的方式。

在此要介紹的是，飼養角蛙至少需要哪些器具。詳細的物品或底部材料，只要到水族店裡參考廠商的目錄，就有很多各式各樣的商品。試著請教店裡實際用過的人，或是自己親自使用看看，慢慢添加購買，最後建立一個屬於自己的飼養模式。

☆ 飼養容器
☆ 底部材料
☆ 發熱器之類的保暖器具
☆ 溫度計
☆ 中和自來水用的水質穩定劑

如果備有以上器具，就能開始飼養了。

可飼養角蛙類的器具

小型的玻璃容器

塑膠寵物箱

壓克力製寵物箱

飼養容器

　　不只角蛙，所有的生物都一樣，飼養的基礎在於收容生物的容器。比起以前，現在更有很多廠商提供各種各式各樣的產品，挑選容器也變成是一種樂趣。

● 玻璃製

　　玻璃製的水族缸包含底部、前後左右加起來總共 5 片玻璃，用矽膠黏著劑（矽利康）連結組合，因此是被最普遍使用於觀賞魚的飼養。現在越來越多像水族缸面沒有框架的曲面水族缸產生，或是上下皆無塑膠框的無框水族缸。尺寸從可以放在手掌上到超過 1 公尺大的都有，也有很多將過濾器或照明器具組裝成套一起販賣的套裝組合。如果只要飼養一隻角蛙的話，40 公分左右的小型水族缸就可以了。

● 塑膠製

　　又稱 "寵物箱"，從以前在飼養昆蟲時，大家就知道使用的飼養容器，市面有著販賣各家公司、各種尺寸的

體長 10 公分左右的夢幻
（蝴蝶）角蛙。雄性個體，
已經在狂鳴了

在布丁塑膠杯中，水養。雖然店
家很多都是用這種方式在販賣，
但買回去之後最好再移到比較大
的容器裡才是比較恰當

水養方式對於食慾不好的個體餵
它活魚時很好用。水位深大概到
角蛙嘴巴邊左右即可，可讓飼料
魚在水中游著。等角蛙確實會吃
餌之後，再換成羊毛氈之類的就
可以了

產品。基本上形狀皆為四角型或流線造型，雖然在外型上
沒有太多的選擇性，但比玻璃製品來得輕，照料時要移
動很方便，是一大優勢。寵物箱已成為飼養角蛙的基本容
器。

　　如果有附隔板，從中間隔開就能一次養兩隻，而且箱
子很輕可以層層堆疊，增添收集的樂趣。以某公司出品的
寵物箱為例，正面長 231 x 寬 156 x 高 192mm、水容量
3 公升裝的「小號寵物箱」比較好用。再大一號的尺寸是
正面長 299 x 寬 192 x 高 201mm、水容量 7 公升裝的「中
號寵物箱」，這對角蛙來說太大了。如果是用隔板一次養
兩隻的話，要養超過 10 公分的成蛙比較好。

保暖器具

　　角蛙喜歡的溫度是 22~33℃之間，從春天到秋天這
段期間，如果是在人類能正常活動的室內，就算不加溫也
沒關係。但是在寒冬時期，加溫是不可或缺的。成蛙的
話，就算 10℃也還能忍受，但對幼蛙來說就不行了。

　　溫度一旦降低，角蛙就不太活動，食慾也會變得不
好。而且，如果是在高溫的時間點餵食，到晚上溫度下降

羊毛氈當底材時，把水加到和羊毛氈一樣高度就可以了

時，已經吃進去的餌料會無法充分消化，活動力就會降低，導致消化不良，因此要十分注意溫度的變化。

用水養方式時，為了要讓水溫升高，可能會使用熱帶魚專用的恆溫器或加熱器，但是因為不會用太大的容器飼養，而且，飼養角蛙時，水不必太深，但若因此加熱器露出來或是角蛙誤觸，就會增添風險，所以最好是在容器外面安裝爬蟲類用的面板發熱器，這在一般市面上的水族店都有販賣。

一次要飼養多隻的時候，可使用觀賞植物用的室內溫室（Wardian case= 室內的小型溫室花房），利用空調來保溫也是一途。

軟質過濾海綿

椰土（棕櫚土）

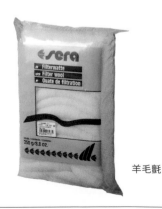
羊毛氈

園藝用腐葉土

Forest Floor
（仿枯枝落葉層的鬆土）

椰土既便宜又量多，髒汙了就馬上替換，使用方便

簡單型的話，就是將寵物箱放入保麗龍箱內，如果箱內保溫的話，可以容納 5~6 個寵物箱。根據飼養的數量尋找一個效率好又節能的保溫方法吧。

底材

飼養角蛙時，可以只用羊毛氈鋪在寵物箱底部，或是鋪一層棕櫚土等樹木或植物性的底材，這是根據飼養的喜好大致上分出來的方法。如果想把角蛙飼養在較自然的環境裡，就用棕櫚土、腐葉土或黑土之類的鋪底材，讓角蛙能將自己的身體一半以上埋入土中，這樣的飼養方法很普遍。

乾燥水苔

水苔

紅土

黑土

土壤

一頭埋進水苔中，自己鑽出一個合身舒適的居住場所

如果飼養數量較多、重視飼養環境的人，就使用羊毛氈單品鋪設吧。

• 羊毛氈

本來，是用在飼養觀賞魚為了進行物理過濾而販賣的產品，但是對於飼養角蛙來說，牠可以剪成依自己喜歡的尺寸來作為底材，剛好派上用場，髒了可以搓洗，價位不高，用到泛黃也能馬上汰換成新的。

挑選時要注意的，還是材質。如果表面有點粗粗的，對於以腹部著地來定位的角蛙而言，不太適合。最好挑選手摸起來比較柔順舒服的產品。

• 椰土

牠是將天然的椰果磨成細粉，水洗後提煉出纖維的市售製品。因為是天然纖維，所以就算角蛙誤食也很安心，保濕性及除臭力也很強。對於需要保持適當濕度的角蛙類來說，非常適合。再者，可當成可燃垃圾丟棄，這一點很方便。市面上也買得到壓縮後的椰磚。

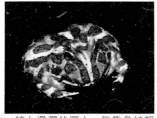

一鋪上濕潤的椰土，每隻角蛙都像挖洞一樣黏坐在土上

• 乾燥水苔

水苔類的葉子有許多蓄水細胞，乾燥後成為多孔質輕且富彈力的材料，吸收水分後保水性佳，縫隙多，所以透氣性高。利用這個特性，常被用來作為園藝用的栽培土壤。因為洋蘭或食蟲植物沒有替代的溼地性植物或附生植物的栽培土壤，因此水苔被拿來廣泛使用。這個乾燥水苔也可以用來當作角蛙類的底材。雖然保水量因不同種類（品牌）而異，但不必特地把牠弄得很濕。排便時必須換成新的水苔，或是放入過濾器清洗乾淨。

• 泥炭苔土、紅土

泥炭苔土是將天然的泥或土做成圓形硬化的土壤，被作為水族用品可輕易讓水質變成栽培水草用或是弱酸性，有各種市售產品。牠原本是被拿來當作水族缸的底部材

自來水的中和劑：
水質穩定劑（市售各種
品牌的水質穩定劑）

面板加熱器　　　　　　　　　　　　鑷子　　　　　　　　　　　溫濕度計

料，因此就算含水也不會變形，現在被拿來當作角蛙的底材使用，非常方便，保水性也很好。有很細的粉狀，也有顆粒狀，養角蛙用顆粒狀的比較好。園藝用的紅土也一樣，有 3~8mm 大小的顆粒，依照角蛙個體大小來挑選紅土顆粒比較好。紅土更換次數頻繁，一次買多一點會比較便宜。

- 黑土

常被拿來當作園藝用土販賣的黑土，是肥沃的黑色土，自古就是適合栽種農業的土壤。就算只使用黑土，也能享受飼養角蛙的樂趣。使用黑土時，要注意水分的拿捏。太多水會變成溼搭搭的狀態對角蛙不宜，要保持微微濕潤狀態才行。

其它飼養器具

其它如可測量溫度、濕度的溫度計或溫濕度計、餵食時使用的鑷子、蝌蚪期不可或缺的水質穩定劑之類的自來水中和劑、清洗塑膠箱表面的海綿等等，一應俱全的話，就能開心地飼養角蛙了。

用 Terrarium（陸族缸）
快樂養角蛙

用寵物箱是一般飼養角蛙方法，有另一種使用泥炭苔土
和觀賞植物搭配成的 Terrarium（陸族缸），也是個有
趣的飼養方式

定位在泥炭苔土上的鐘角蛙

　　角蛙們各個身強體壯，所以大都被養在寵物箱中。
但作為僅有的一隻寶貝寵物蛙，當然還有更開心的飼養方
法。就是在小型的容器中，植入迷你型觀賞植物，佈置成
景觀水缸。

　　飼養角蛙時，不管怎樣，以「飼養環境，尤其是保
持底部的清潔」最為重要。但是最近，市面上出現許多將
泥土做成圓形不易崩解的土壤，使用在熱帶魚的飼養上，
而這個土壤對於觀賞植物（水草）的生長也很有效果。把
牠當作一個新的飼養角蛙的方式，利用角蛙的習性、做為

在迷你觀賞植物間休息的綠色南美角蛙。看這樣棲息在植物間的角蛙，也別有一番風趣

迷你觀賞植物的盆栽特徵、以及植物對底土的淨化能力，整頓成一個益於角蛙的環境，其觀賞價值也會提高。

容器

作角蛙的 Terrarium（陸族缸）時，有個方法很簡單，就是使用觀賞魚專用的小型玻璃水族缸。其它如大型的酒杯形狀、自古流行至今被作為金魚缸的錢包型玻璃容器、以及大型寵物箱都能拿來做 Terrarium（陸族缸）。

尤其是小型的玻璃水族缸，牠的優點是透明度高非常適合觀賞，相對地，牠的缺點是容易摔破造成危險、透氣性不好、很重等等。但是對於只有一隻角蛙用的 Terrarium（陸族缸）來說，這些缺點並不需要在意。

底材

要讓飼養在 Terrarium（陸族缸）內的角蛙舒服，又要對迷你觀賞植物有成長效果，這樣的底材以泥炭苔土或黑土最為方便。園藝用的紅土或椰土並不是不能用，而是考慮到當植物往下牢牢紮根時，就算角蛙將自己身體一大半埋入土中，也不太會全面破壞底材，所以建議大家使用泥炭苔土或黑土比較好。土壤的話，因為角蛙常會在土壤表面排便，只要用鑷子或湯匙之類的工具就可以輕易清掉。迷你觀賞植物畢竟只是裝飾品，首先要做成高濕環境

只要飼養幾隻角蛙當作寵物，就可以得到
各種不同的樂趣。試著在水族缸中用迷你
觀賞植物佈置一下，養幾隻角蛙看看：

1. 決定佈置場所。是有蓋子的比
較好，還是有點高度的比較好？

2. 倒入充當底材的土壤。市面上
有很多種類，挑選自己喜歡的

3. 放入觀賞植物，調整底材厚度

4. 把所有要佈置的盆栽都放進去，
確認整體平衡

5. 將每盆觀賞植物埋入土中。厚
度不夠的話就再加入一些土壤

6. 注入充分的水，小心不要讓水
四處噴濺

菜豆樹

腎蕨（Nephrolepis）

白鶴芋（Spathiphyllum）

袖珍椰子

薜荔（Ficus pumila）

合果芋（Syngonium）

這次，使用了 5 種迷你觀賞植物，當初怕不夠所以總共買了 6 種。全部約花了台幣 600 圓左右，這樣就能佈置出一組 Terrarium（陸族缸），算是很便宜

用來當底土的是，熱帶魚用的黑土，因為保水性佳並呈顆粒狀，角蛙的排泄物比較好清理。而且，對於觀賞植物的成長也是最好的

的話，也可以使用腐葉土、椰土或水苔。此時要選用強健的植物，即使倒下也能紮根的那種。

照明

　　與其說是為了角蛙，倒不如說是為了觀賞植物的成長，最好使用小型螢光燈。市面上有很多是附屬在小型玻璃水族缸套裝組合的螢光燈，選用那樣的螢光燈就可以了。

　　由於觀賞植物的葉子會行蒸騰作用（或蒸散作用（英語：Transpiration）是指水分從植物表面散失的現象。水分在植物的表面由液體變成氣體，這過程需要能量，這能量稱為蒸發潛熱，在大自然中這能量是由太陽供應的）。所以如果 Terrarium（陸族缸）蓋上蓋子，會有起霧現象。加上 Terrarium（陸族缸）內使用黑土的保濕效果很好，因此更容易起霧。雖然有 Terrarium（陸族缸）的小型風扇可以用來調整溫度，但角蛙喜歡微濕的空氣，玻璃上的霧氣就請大家忍耐一下。

將 4 公分左右的個體導入
Terrarium（陸族缸）比較沒有問
題

生水苔被拿來作為栽培蘭花使用，
即使在盛夏高溫也能長得如此茂
盛翠綠。把它當材料，不但能輕
鬆佈置出一個 Terrarium（陸族
缸），看起來也很有氣氛

Terrarium（陸族缸）的類型

　　每個人想做出來的類型都不一樣，要選用哪些觀賞
植物也是飼養者的自由選擇。有種陸族缸飼養箱的方式，
就是「重現生物之生息環境的飼養設施」，若要製造角蛙
的陸族缸飼養箱，至少要用 90 公分的水族缸，而不能用
小型水缸。如果真要用小型水缸的話，就只能用"迷你寵
物箱"，去園藝店買些好看的賞葉植物就可以了。

　　有時候角蛙會把特地栽種的植物弄倒，或是破壞整
體的佈置，但畢竟牠是主角，這種事就忍耐一下吧，再重
新佈置就好了。因此，一開始設計時，佈置簡單一點比較
好。如果真要植物之類佈置的話，就用石頭或漂流木固定
住，但不要影響到角蛙的活動範圍。

　　底床也是，佈置時讓牠濕一點，在那之後牠就會自
然乾燥。對角蛙而言，牠們比較喜歡偏乾燥一點的底材
（床）。雖然對飼養者來說，所謂的"乾燥一點"拿捏很
難形容，但如果水量拿捏得宜，就能營造出一個角蛙和植
物的狀態都很好的 Terrarium（陸族缸）。

　　以腐葉土為例，用手緊緊地將腐葉土擠到沒有水滴
出來的水量是最適合的。如果還擠得出水，就表示水量太

美麗的黃色體色是白化南美角蛙
（黃金角蛙）的特徵。放在有觀
賞植物的 Terrarium（陸族缸）水
缸中，也非常顯眼

多。最好是 Terrarium（陸族缸）底部的表面是乾的，裡面稍微濕潤，這樣的狀態才是剛剛好。

生水苔（新鮮水苔）

　　這次，本書所拍攝的角蛙大多是使用生水苔當背景或底材。水苔常被當作山野草、蘭花或食蟲植物的栽培土，當季的話只要台幣 500 圓左右就能買到一大堆，而且品質良好。水苔用稍淺的保麗龍就能栽培。在保麗龍的底部鋪上一層 2~3 公分厚的浮石，儘量不要讓水分蒸發，就可以長成茂密的綠色新苗。將新苗移到較寬的塑膠箱底部，就能開心地飼養角蛙了。在小型水缸的 Terrarium（陸族缸）土壤上，鋪一些生水苔也很好看。

　　在 Terrarium（陸族缸）中飼養角蛙時，不僅是飼養而已，還能藉由建造一個以植物為中心的環境，讓多餘的排泄物自然分解掉，如果植物和土壤的自潔功能足以分解排泄量的話。或許能做出一個與「玻璃水族缸中均衡的陸地生態環境」相近的東西。

　　如果飼養角蛙你已經很熟練的話，可以試著做做看 Terrarium（陸族缸），既可享受飼養樂趣，又兼具觀賞價值。

以莫絲（Moss）為底層的方式也
適合角蛙、樹蛙的飼養

角蛙的挑選方法 及如何購買

為了讓之後的角蛙飼養比較愉快，第一步就是要找一隻
自己喜歡而且健康的角蛙。要如何挑選角蛙？就讓我們
一起來探討看看吧。

4 公分大小的鐘角蛙

不管購買哪種生物，都會遇到的事那就是購買或入
手時，生物當時的狀態會影響到之後好不好飼養。當我們
在挑選要飼養的角蛙時，通常只會用眼睛選一隻喜歡的花
色，但最好是仔細確認角蛙的狀態，再挑一隻健康的入
手。以下為大家介紹購買角蛙時，應該注意哪些要點。

進貨時點

購買角蛙時，要問清楚這隻角蛙是何時進貨的？已留
在店裡已經多長時間？如果是留在店裡已經超過一個月

亞馬遜角蛙（＝蘇利南角蛙）因為進口數量少，是種敏感難養的角蛙。但自從國內 CB 個體流通後，大部分的飼養問題都變得比較輕鬆了。但仍要多注意不要餵食過度，或髒亂、高溫等問題

以上的話，那麼店員應該對牠有某種程度的了解才對，能問的，最好盡量發問。比如說「比較喜歡吃哪種餌料？」「飼養時都用哪種底材？」「幾天餵食一次？」，這些問題對自己日後的飼養應該會有很大的幫助。進貨沒多久的個體，可能性情還不太穩定，最好挑那種至少已經停留在店裡一週左右的角蛙。

餵食

　　最重要的事情是，確實餵了嗎？食慾好不好？和其他青蛙不同的是，角蛙幾乎不會有不吃東西的個體，所以讓人安心。但如果是店裡長期滯銷只餵小魚的個體，有可能不太會吃蟋蟀；而那些只被餵食小魚的個體，有可能就算把人工飼料放到牠嘴裡也會吐出來。在店裡詢問角蛙的食慾好不好時，最好同時問一下是吃哪一種餌料。

　　如果是野生地採集個體的話，就算是亞馬遜角蛙（＝蘇利南角蛙）也好，是南美角蛙（*Ceratophrys cranwelli*）也好，最好先問清楚要餵哪一種餌料、食量大

等待出貨的國內 CB 亞馬遜角蛙（＝蘇利南角蛙）。從數百個卵孵化成蝌蚪，最後蛻變成蛙體。從蝌蚪到蛙體的期間很短，所以在市面上流通的以蛙體居多

不大？這些問題對於 CB 個體很重要。也有不少野生地採集的個體會受到運送過程或是進口後的收容環境的影響而拒食。尤其是沒有飼養過角蛙 CB 個體經驗的人，最好先不要入手野生地採集個體比較妥當。

外觀

　　一般鐘角蛙或南美角蛙（*Ceratophrys cranwelli*）的體型是，有著肉肉的腹部，呈現渾圓豐滿的身形。如果髖骨不自然地突出，或是四肢跟身體比起來相對較細，大部分這樣的個體會拒食，這些角蛙日後很有可能罹患內臟疾病或感染症，最好避免。但若是亞馬遜角蛙（＝蘇利南角蛙），髖骨突出是很正常的，不過要注意如果嘴巴有擦傷，表示牠性情還未穩定會去碰撞飼養容器，餵食同時最好也觀察一下傷痕的狀況。其他還要注意的點是，從正上方往下看髖骨是否左右對稱？指頭有沒有少一隻？後肢是否能確實彎曲走路？會跳嗎？。

市面上也買得到角蛙的蝌蚪。價格和成蛙差不了多少，飼養也很容易，養到上陸並不會很辛苦，因此從蝌蚪期就買來邊養邊觀察也不錯。如果是自己養到上陸的蛙，對牠的疼愛就絕非一般了

　　角蛙的皮膚是用來輔助呼吸及吸收水分的重要器官之一。因此，角蛙的身體狀況出問題時，也能從皮膚狀況的變化窺知一二。健康的角蛙皮膚看起來濕潤，而且緊實帶有光澤。一旦健康出狀況，會先從皮膚開始起變化。

在展覽會場的專門店攤位上，排列著許多布丁塑膠杯之類的容器，裡面裝著角蛙。從中挑選出自己喜歡的個體，是件有趣的事

進貨後在店裡餵食一段時間健康長大的薄荷藍角蛙。飼養新手最好先打聽清楚，要買的個體是否已會確實進食

色彩變異個體常會成為顧客焦點或是店鋪招牌，也常在展示會上特別拿來招攬客人

持續惡化下，會脫皮不完全呈現乾燥現象，不然就是整個像浸在水裡一般鬆垮。

瞳孔也是一個需要仔細確認的部位。如果瞳孔左右大小不一，或是瞳孔收縮不自然的個體，可能有神經失調之類的缺陷。若是庫存時期店裡清潔不周，就可能出現角膜白濁的個體。如果只是輕度的話還算好，只要在乾淨的環境下好好飼養就能治好，但新手還是避免比較保險。希望大家都能挑選到體色完美而且健康的個體，作為長期飼養的角蛙。

飼養初期管理

讓剛入手可愛的角蛙健康、長壽，是飼養者的責任。
想要一邊享受飼養的樂趣，就要整理出一個最適合
的飼養環境。

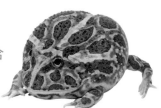

夢幻（蝴蝶）角蛙

大部分的角蛙飼養者都是從大約 3~4 公分的幼蛙養起。
因此，接下來我們就從剛買來的幼蛙開始介紹飼養方法。

3 公分大小的角蛙幼蛙就像又圓又軟的玩具或是玩偶一
樣，讓人想要收集把玩，有著美麗色彩的可愛角蛙。相對於
豐滿的體型，兩頭身比例下的臉顯得更大，配上圓滾滾的眼
睛，吃東西時動作豪邁，吞嚥時眼睛還會閉起來，對於這麼
可愛的幼蛙一見鍾情的人應該不在少數吧。不過，再怎麼像
玩偶，角蛙幼蛙畢竟是個活生生的生物，先確實整頓好飼養
環境之後再開始養比較好。

水族店工作人員細心地維護
角蛙缸內的環境清潔

　　為了讓角蛙有個好的生活環境，一些必要的東西都要準備齊全。這邊介紹了幾個簡單的飼養模式。

只要薄薄一層水的飼養環境

　　這個飼養方式，在便於觀察角蛙姿態的店面常常見到。也就是在每個小小的塑膠杯或是玻璃瓶中各放入一隻角蛙，再注入 1 公分左右深的水。雖然這並不是很值得推薦的飼養方法，但用於短時間來飼養幼蛙，還是可行的。

　　因為是陸地性的角蛙，如果一直生活在水中，糞尿就會直接排入飼養水中，水質會惡化得很快。在春天或秋天的氣溫在 20 度左右時，水質惡化還不會那麼快影響到角蛙，但在溫度高的盛夏季節，可能會在短時間內引起自我中毒。當然，每天換水是必要的照顧工作，即使是空間較寬敞的飼養容器，用"水飼養法"時，也一定要每天換水。

　　角蛙在換水後馬上又排便，這種事常常發生。這時候一定要馬上再換一次水，確保水質一直處於乾淨的狀態下才行。

就算是 6 公分以上的個體，也能用這種 "水飼養法" 飼養。不過，因為大家常用的是塑膠寵物箱，以 "水飼養法" 的角蛙常因箱底很滑站不穩，角蛙的腳容易滑倒，導致坐姿不良。一旦長時間持續這種不自然的坐姿或是四肢閉合不良的姿勢，就會養出 "肥腰體型"，最後形成不自然的骨架。因此，對於比較大的角蛙，後肢負擔較重，"水飼養法" 並不是一個好的方法。

羊毛氈飼養法

要改善 "水飼養法" 所造成不良姿勢的方法是：本書一直推薦的羊毛氈飼養法，鋪一層羊毛氈當底床，既可當角蛙的立足點又能防滑。僅此一點，就能讓角蛙的姿勢變好，健康地長大。不過，如果是用羊毛氈飼養法，水位和羊毛氈一樣高的飼養法只適用養到上陸後一個月左右，超過一個月的水位上限為加到羊毛氈高度的一半。像這樣保持濕潤的環境，對角蛙來說是比較好的飼養方式。

試著將角蛙養在陸場及水場皆有的飼養箱中，大概所有的角蛙都會選擇在陸場落腳。從蝌蚪蛻變期，到上陸後馬上在陸場飼養都沒問題。羊毛氈飼養法不但管理起來很輕鬆，對角蛙們的照顧也很大。

以美國 CB 名義進口的鐘角蛙。當時這一批角蛙，從腹部到身體側邊的花紋很明顯變得精細

使用羊毛氈的飼養方法
將羊毛氈剪成飼養容器底部同等的大
小，注入與羊毛氈相同水位的水。這
樣不但容易確認糞便等髒污，清潔及
換墊也很簡單

用椰土當底材的飼養法
以棕櫚墊或椰子墊為商品名販賣，
是將椰子殼磨細為土的產品。只要
加水使用，並定期更換即可

陸地飼養環境

試著想像一下，陸地性的蟾蜍走在地面上或馬路上的樣
子，應該有看過吧。住在水中，只有在繁殖期才會。同為陸
地性的角蛙也是，基本上是生活在陸地的。由此推想，一直
飼養在水中的"水飼養法"當然是很不自然的。

角蛙的飼養方式，比較推薦的是有做陸地的飼養環境。
這種飼養方式，建議以腐葉土之類的土壤當作底材。因為土
壤中的細菌可以分解排泄物等，有許多好處。此外，棕櫚土
或紅土、黑土之類的產品很容易入手，要挑選那種即使被角
蛙吃進去也沒問題的土。最好不要使用角蛙容易誤食像土質
或纖維質較大的東西，或是較尖的東西。還有，要注意添加
物（農藥或殺蟲劑、營養劑之類的），最好使用沒有添加物
的，對角蛙無害物質的底材。

在飼養空間裡，做一個小型水場，配上觀賞植物，這樣
的 Terrarium（陸族缸）也很有趣。比較大隻的青蛙，常會
用後腳挖洞，其力道之強，常會破壞精心設計好的佈置，不
過那也是身為 Terrarium（陸族缸）居民的角蛙才能做的事，
就隨牠去吧。

綠色南美角蛙（*Ceratophrys cranwelli*）。南美角蛙特別喜愛偏乾燥的環境。
多少的水量才是最好的？飼養者可以親自體驗得知

　　照明使用一般的螢光燈產品也沒關係。或許各位還不知
道，其實角蛙也需要一些紫外線。照射紫外線，對於骨架形
成扮演著重要的角色。不過即使這樣，也不要特地用強大的
燈光照牠。

　　角蛙類一直隱身活在大自然茂密森林的土中，並不會長
時間直接照射到陽光。所以只要適當地一些照明就夠了。就
算養在窗邊，不直接照到太陽，對角蛙來說也很好，因為紫
外線對於體色的發色影響很大，尤其是綠色。

　　陸地飼養法最重要的一點是，底床材質的含水量。如果
水量拿捏得宜，不但飼養角蛙的照護工作會變輕鬆，也能養
出健康的角蛙。不過讓人驚訝的是，角蛙飼養者覺得最忌諱
的事，就是讓底材偏乾燥這件事。

　　因為大家都先入為主地認為「角蛙＝不能缺水」，所以
似乎水量多一點才能讓飼養者安心。至於所謂偏乾的水量，
大概是底材有點蓬鬆的感覺最好。話雖如此，也不要乾到讓
塵埃飛揚，那是很危險的事。

底材厚度需根據飼養的角蛙大小而定，幼蛙大概 2 公分以上，成蛙大概 8 公分以上。底材的表面乾燥，中間帶點微溼的感覺最剛好。把牠想像成是在晴天時，由森林的落葉所堆積形成的腐葉土，慢慢調整溼度。

水分過多的腐葉土容易導致問題產生。因為在水分多的環境下，角蛙會將腐葉土堆壓成塊，連糞便之類的排泄物也一起豁進去。角蛙在這種不乾淨的底材上走動，托著腹部定位時，腹部會接觸到糞便，引起皮膚乾燥，或是造成自我中毒，導致健康亮紅燈，所以要非常注意。如果發生以上狀況，一定要馬上換成水量較少的底材，改善飼養環境。如果新的飼養環境好的話，角蛙就會安定下來立刻鑽入土中。

底材的水量要均衡，箇中拿捏很難。不過如果飼養者上手的話，就連配合季節的水量也能精準拿捏。

陸地飼養時，有個水場比較好。雖然角蛙連腹部的皮膚也會吸收水分，因此，如果有微濕的土壤就算沒有水場也無礙，但如果會擔心飼養容器的底材過於乾燥，有水場的話就能安心飼養了。此時水場可先做一個淺水位的。

之後是否能順利將剛入手的角蛙健康地養大，長時間享受飼養的樂趣，是飼養者最大的課題。雖然角蛙大多都是身強體健，但也不能依賴這種強健特性，飼養者本身要能整理出一個比較好的飼養環境才行。追求這個「比較好的環境」，就是養寵物的樂趣與收穫。希望大家都能養出健康美麗的青蛙。

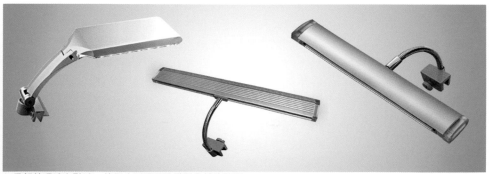

如果飼養環境有點暗，使用小型照明設備對角蛙比較好

日常管理的方法

角蛙的日常管理，以飼養箱的清潔維護為首要工作。
接下來就為大家介紹維護的方法。

白化種南美角蛙（黃金角蛙）

飼養角蛙，最重要的事情就是「盡量保持飼養箱內的清潔」。首先第一步驟，也是最基本的工作，就是當排便時，如果弄髒底層的羊毛氈，要立刻將牠洗乾淨，並且稍微沖洗一下飼養箱。

如果排便後置之不理，皮膚將會吸收氨，引起體內中毒，進而發炎，嚴重導致死亡的也不在少數。飼養水生青蛙也一樣，保持水質和飼養箱的清潔很重要。水生青蛙藉由尿液排出氨，而像角蛙之類的陸生青蛙則由尿素排出。

羊毛氈飼養法不但照顧容
易，也是最普遍的作法

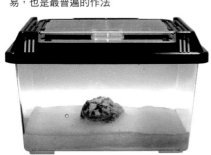

椰土飼養法對於角蛙鑽入底床
很方便，也便於觀察。雖然照
顧方法很簡單，但隨著時間過
去，就比較難看到角蛙趴在牆
上的姿態了

體內攝取食物（蛋白質等）之後的氮含量，其過剩的
部份會形成尿素藉由尿液排泄出去。一般氮的排泄方式，
魚類會以氨、哺乳類或兩棲類會以尿素、鳥類或爬蟲類會
以尿酸的形式排出體外。其中以尿素排泄的東西，也會溶
解在羊毛氈裡的水，所以在高溫時期就算沒有排便，羊毛
氈也會發出氨臭。因此，就算沒有排便，也要一週換一次
羊毛氈底床，清潔一下。

飼養的關鍵步驟

飼養角蛙時，盡量避免一次飼養多隻。如果是從蝌
蚪期到剛上陸後一小段時間，幼蛙的大小都差不多，還可
以一次飼養多隻，但如果是上陸後超過三週以上的話，多
少就有一些大小上的差別，這時候大隻的可能會生吞小隻
的。這是因為習慣吃活的青鱂魚，看到會動的生物所產生
的反射動作，所以一旦看到同在飼養箱中的角蛙兄弟移動
時，就會一口把牠生吞下去。使用隔離板將飼養箱分成兩
邊，同時飼養兩隻角蛙時也要注意，不管是哪一邊排便，
將糞便踩爛的話，沒有排便的那一邊也要將牠的羊毛氈洗
乾淨。

抓取角蛙的方式為，用手指抓住牠前腳後方，相當於人類腋下的部位

緊咬人類手指的鐘角蛙。角蛙對於會動的東西特別有反應，當牠看到眼前有手指晃過去會誤以為是餌料，即往前飛撲過去。被幼蛙咬到還好，但若被鐘角蛙的成蛙咬到，可是非常地痛，所以抓牠的時候一定要僅僅捏住兩肢前腳的後方

角蛙的身體表面會分泌一種黏液。照顧時若要將角蛙移到別的容器，一定要用手輕輕地快速抓過去。如果動作過於粗暴，角蛙外皮可能會剝落，雖然還不至於因為這樣就感染疾病，但還是慎重點比較好。

角蛙的皮膚具有滲透性，因此很容易受到水中毒素、pH 值變化和脫水的影響。之所以底材污染會導致體內中毒，就是這個緣故。大家也可以利用這個滲透性，給角蛙來個藥浴，預防感染。不過，因為藥品類的東西會滲透進入體內，所以使用時一定要特別注意水的濃度。

水飼養要注意的問題

水飼養會有一些問題發生。尤其容易發生在氣溫下降的初秋到冬季這段期間，因為氣溫下降空氣變得乾燥時，角蛙的食慾就會變得低落。

這時候，角蛙的外皮就無法順利脫皮剝落。不知道是不是因為感覺到了乾季接近的關係，角蛙對於這樣的季節變化也會產生身體上的變化，會開始作繭（乾季時為了遠離乾燥，會在脫皮的皮膚上做了好幾層薄薄的保護膜）。在作繭的階段下，一旦脫皮，浸在水中要脫皮的部份會因潮濕而剝落。但是背部側邊的皮，會因乾燥而附著於身體表面無法剝落。這是因為水飼養時，身體浸在水中，到底是要脫皮還是要作繭，角蛙自己都已經混淆了。而且，水面附近的皮膚雖然有潮濕但卻不會剝落，造成環境不乾淨。這種狀態持續下去的話，有些角蛙會出現健康問題。

發現有這種狀況的角蛙時，趕快將牠放入比較高溫且水量較多的水中（水溫約 26~28℃），並蓋上蓋子保持溼度，直到背部的皮膚因潮濕而順利脫皮為止。

等脫皮完全脫乾淨之後，可以換成陸地飼養法。此時的餵食，只有在身體不太好時，才餵一些容易消化的餌。如果有點增胖恢復體力的話，不餵也沒關係。

為了讓角蛙恢復，其中體力很重要，當牠食慾變好時，再像平時一樣餵牠就可以了。體力和身體狀況不良的

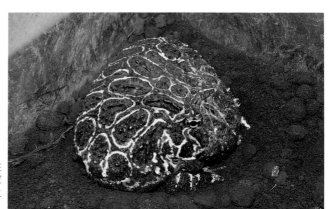

在黑土底床環境下，讓鐘角蛙維持在偏乾燥的狀態，用噴霧器噴一點水幫助牠脫皮。維持角蛙健康的方法之一，就是掌握牠的皮膚狀況

問題在於，當角蛙身體不好變瘦時，因為沒有體力，所以不管移到多好的環境都無法恢復。所以一旦判斷牠身體狀況不好時，要趁牠還有一點點體力時趕快換到另一個好的環境，這很重要。

基本上，造成角蛙身體狀況不好的原因，不外乎環境骯髒和體力降低。如果只是因為環境骯髒，而青蛙本身還有體力的話，只要將環境清潔乾淨，大多在幾天內就能恢復元氣。但，若是因為環境骯髒且體力也降低的時候，不但要將環境清乾淨，還要想辦法一邊誘食讓牠恢復體力。

飼養溫度約 22~28℃

現今世界上夏天的溫度逐年增高，每年夏天，氣溫超過 35℃就常有連續好幾天的紀錄。就算是人類，待在氣溫 35℃的屋外，也都快要中暑了。如果白天超過 30℃，晚上有 25℃的話還沒關係，但絕對不可以直接照射到太陽。如果氣溫真的飆到 35℃以上的話，白天要開空調讓室溫降到至少 28℃左右。因為氣溫一旦升高，代謝會加速，消化時間也會縮短，餵食後很快就會排便。此時，從糞尿所產生的氨，就會快速地透過皮膚被角蛙吸收。因此，即使沒有排便，在高溫時也要頻繁換水或是清洗羊毛氈。當然，可以的話就放在通風良好的陰涼處，比較令人放心。

白化種南美角蛙。一旦對白化種
的微妙色彩變化產生興趣時，就
會在不知不覺間多養了好幾隻。
雖然這是角蛙的魅力使然，但也
不要忘記考量自己可以照顧的時
間，再決定飼養數量

所謂代謝變好，意味著餵食的餌量也跟著增加。這個
時期，要給角蛙餵食很多的餌料。增加的分量，也會造成
糞便量變多，很快就弄髒飼養環境，所以要反覆地清掃，
總之要將清潔工作時時刻刻放在心上。

冬天雖然會用暖氣保暖，但比起夏天高溫時的餵食
量，還是比較少。食慾不佳時，不要勉強硬要餵食。因為
低溫時期的代謝會變緩慢，消化也不好，勉強餵食對角蛙
身體不好。溫度最低也要保持在 16~17℃，必要時，善
用暖器設備，千萬不要讓氣溫降到 15℃以下。

糞便觀察

角蛙在身體狀況良好時，所排出的糞便是結實的固
體狀，清洗也很容易。狀況不好時，排出的糞便為潮濕含
水狀。特別是氣溫降破 20℃時，會連同尚未消化的金魚
一起排泄出來，或是連續好幾天排出水水的糞便。發生這

排出一大堆糞便的鐘角蛙。因為是剛排泄完不久，用鑷子等將糞便清掉，而羊毛氈最好每次都要清洗

在"水飼養法"排便時，如果不馬上將糞便清掉，就會散開污染水。如此一來，不但角蛙本身很難受，不久也會造成體內中毒

種情形時，要將飼養環境清洗乾淨，同時也要調高飼養溫度。

飼養數量

　　角蛙的魅力在於，以南美角蛙（*Ceratophrys cranwelli*）作代表的色彩變化，以及個體變異之豐富。雖剛開始是飼養一隻角蛙，但慢慢地會想要養其他的種類或是不同的色彩變化種，這是很正常的現象。因為一旦開始飼養，有時要買餌，有時要添購羊毛氈，既然是都要跑一趟，養一隻和養多隻不都一樣嗎？

　　根據經驗，將 6 個塑膠寵物箱內用隔離板分開，各養兩隻，合計共 12 隻角蛙，這樣照顧起來時間不會花費太多，最能享受到飼養樂趣。如果塑膠寵物箱超過 10 個，飼養數量超過 20 隻，清潔飼養箱的時間就會大大堤高。所以飼養數量還是要在自己能管理的範圍內才行。要不然

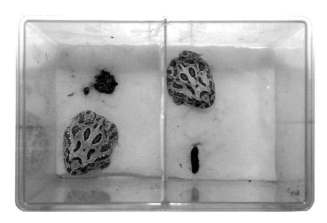

用隔離板將塑膠寵物箱（小）隔開，養了兩隻角蛙，幾乎同時排便。右邊那隻的糞便還保留原形，很好清除，但左邊那隻已經將糞便踩成一糊，早已不成形。不管怎樣，都要儘快清理乾淨

在洗臉台一邊沖著水，一邊用手將糞便清洗乾淨。如果羊毛氈已經泛黃，就換一張新的

糊掉的糞便比較容易清洗，洗掉之後將洗臉台注滿水，在水中用力搓洗即可

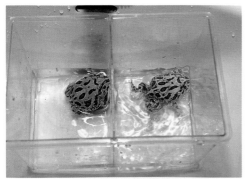

在拿掉羊毛氈的寵物箱內注入適溫的水，這樣可以簡單清洗一下箱子，也能順便將附著在手腳的廢物或脫皮等洗乾淨

將寵物箱傾斜把水倒出來。注意不要讓角蛙跳出來。再將洗淨的羊毛氈鋪好，就大功告成了

上一頁弄髒的寵物箱清洗過後。羊毛氈變乾淨了，角蛙也就不會體內中毒，夏天一週清洗兩次很正常。若發現有老廢物要馬上清理，經常清潔羊毛氈是件很重要的事！

如果養到超有魅力的角蛙，飼養數量可能會一下子就突破20隻！

羊毛氈的清洗方法

為何要在這邊如此詳細說明羊毛氈的清洗方法呢？因為這是角蛙日常管理中最基本且重要的一環。剪裁成塑膠寵物箱底部同等大小以便服貼箱底的羊毛氈，全新時角蛙排泄在上面的糞便很好清洗，但洗過幾次後，青蛙習慣用後肢潛入土中的行動也會用在羊毛氈上，有時會挖出一個洞，有時會潛到羊毛氈底下。此外，排尿若沒清洗乾淨，幾天內就會發出氨臭。

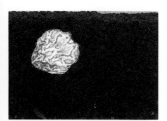

用黑土飼養的杏色白化種南美角蛙

目測羊毛氈已有泛黃的話，就要換一張新的。市面上有各種品牌的羊毛氈，要挑選手感平滑的。例如水族用品的量販店或是特力屋之類的商場也都有賣，趁著6張裝或7張裝的特價先買好放著也不錯。但這樣只能知道價錢，無法確認裡面的東西，所以如果買回去發現羊毛墊的表面很粗糙，千萬不要勉強用來當角蛙的底床，要用表面光滑、適合角蛙且不會造成角蛙負擔的羊毛氈。

排泄在黑土上的糞便。用鑷子或湯匙就能輕易清掉

清洗羊毛氈的同時，順便用水沖洗一下塑膠寵物箱。因為角蛙脫皮很頻繁，可能會有脫下來的皮黏在上面，或是箱子外有任何動靜誤以為是餌而飛撲過去，附著在舌頭

綠色南美角蛙

上的黏著物也因為撞擊壁面而留在上面，因此箱子四周也要用海綿之類的刷洗一下。

　　清洗時，就算把角蛙留在塑膠寵物箱裡也能作業，但要小心不要讓牠跳出去掉在地板上。雖然角蛙多多少少會不小心掉下來，大部分都毫髮無傷，但因為牠的頭部很重，如果從太高的地方摔下來，眼睛的瞳孔就會偏一邊，因此最好不要讓牠掉下來。

棕櫚墊和腐葉土的更換

　　飼養容器的底床使用棕櫚土、腐葉土或黑土時，無法像白色的羊毛氈一樣從外觀就能立刻看出是否被弄髒。在偏乾燥的黑土底床上排便時，糞便幾乎只在土壤的表面，所以一看到糞便時趕快用鑷子或湯匙清掉就可以了。

　　若是像棕櫚土或腐葉土那樣蓬鬆的底床，糞便常常會混雜到底床裡面。雖然也跟使用的量有關係，但每隔兩週就要更換一次，而且是將底床全部換掉。如果使用的是

野生南美角蛙 F1 個體。飼養南美角蛙的 WCF1，幾乎可以得到和 CB 個體一樣的樂趣。但比起 CB 個體，牠的後腳更強而有力，很容易跳出寵物箱，所以要特別注意

萊姆綠白化種南美角蛙

小號塑膠寵物箱，夏天代謝好的時期，就算要推遲更換時間，至少也要 10 天換一次。氣溫低的晚秋或初春時期，相同的塑膠寵物箱尺寸至少兩週換一次，如果幾乎沒有進食的話，三週換一次也沒關係。要仔細觀察進食的餌量，和底床污染的狀況。如果底床不乾淨，角蛙會變得很不穩定，或是不再潛入土中而是跳出來，出現這些情況時，就要馬上更換底床。

清潔第一

飼養角蛙的重點，總結一句就是：盡量保持飼養箱內的清潔，這樣說一點也不誇張。因為角蛙經常將腹部緊貼著底床坐著不動，高溫時「如果太髒，可能會導致體內中毒」，這點一定要謹記在心。清洗羊毛氈、更換棕櫚土或腐葉土，所花費的時間不過 5 分鐘頂多 10 分鐘。如果換成飼養觀賞魚，每次換水都要 30 分鐘到 1 小時，這樣想，就覺得照顧角蛙算是很輕鬆的。為了能養成健康的角蛙、長久享受飼養樂趣，就要定時餵食，而且不要怠惰清除排泄物！

餌的種類及餵食方式

為了健康飼養角蛙，不可或缺的餌料或飼料有很多種，就挑一種使用簡單又有效果的餌料吧。

關於角蛙的餌料，市面上有許多資訊提供各種適合角蛙的餌料。要決定哪種餌料才是最適合的，實在很困難，不如就給自己飼養角蛙餵食各種不同的餌料吧。

角蛙在自然界的餌料有昆蟲、其他蛙類、蜥蜴、蚯蚓、老鼠之類的囓齒類、雛鳥、蝸牛等陸生殼類。也有人主張「因為是陸生的青蛙所以不吃魚類」。一邊想著哪些東西都吃的可能性，一邊想著飼養條件有時候也會和自然條件不同，對於角蛙就餵牠營養均衡的餌料吧。

正在吃金魚的鐘角蛙。金魚或活
的淡水魚是角蛙的好餌料之一

就算鑷子被咬住也沒關係，夾餌
料時從角蛙的相反方向餵給牠

小魚

時常在水族店裡販售的、大型熱帶魚專食用的小型金魚或是青鱂魚，也是很適合角蛙的餌料之一。隨時都能入手，庫存也很容易，這點讓人很開心。尤其是剛上陸的幼蛙，第一次餵食用青鱂魚最適合。對幼蛙而言，咕嚕一口就能吞進去，同時也很好消化，看糞便就知道。如果餵食生的青鱂魚給骨架瘦弱的幼蛙，會讓牠早點長大。金魚和青鱂魚的骨頭富含鈣質，對幼蛙的骨骼生長也很有幫助。

投餌給 4 公分以上的角蛙，可以用最小型的金魚叫小和金或朱文錦也可。一般當做餌料市售的金魚或青鱂魚，水族店不太會餵食牠們，所以有些都很瘦小。因此，為了要讓牠們成為更有營養價值的餌料，可以在水族缸內先餵牠們人工飼料或冷凍餌料，養胖後再投餌給角蛙會更好。

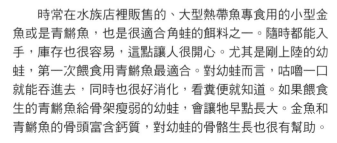

蟋蟀

目前被拿來當作爬蟲類或大型熱帶魚類用的活餌，市面上有：家蟋蟀（*Acheta domestica*）和黃斑黑蟋蟀

青鱂魚。尤其適合幼蛙的一種餌料

金魚。常被拿來當作角蛙的主食。可以先養在水族缸，養胖後再餵食給角蛙是最好不過了

黃斑黑蟋蟀（*Gryllus bimaculatus*）。雖然蟋蟀類也是角蛙的主食之一，但要注意鈣質不足

乳鼠。營養價值高的餌料，大多用來飼養大型個體

尖舌浮蛙（*Occidozyga lima*）。市面上有販售活的，但有壺菌病的可能性，一定要注意

（*Gryllus bimaculatus*）兩種蟋蟀類。從 1 公厘小的幼蟲到大的成蟲都有，可以挑選自己需要的尺寸購買。這些蟋蟀屬雜食性，也可以投餌給牠們庫存起來。

如果將蟋蟀當做餌料，一次放很多到角蛙的飼養容器中，有時候角蛙吃剩的蟋蟀會爬到角蛙身體上，甚至會咬一口角蛙。僅僅如此就可能造成角蛙的壓力，所以餵活的蟋蟀最好給牠一次就能吃完的量，可以的話，盡量用鑷子挾給牠吃。

對爬蟲類而言，單單只以蟋蟀作餌料，可能鈣質不足，所以市面上有賣鈣質添加劑。當然，對角蛙來說，鈣質成分也很重要，可以將蟋蟀塗一層鈣質添加劑之後再餵食，但有些角蛙並不喜歡這種塗了鈣質添加劑後粉粉的蟋蟀。還有一些角蛙，就算空腹也對蟋蟀沒胃口，此時或許

正在吃家蟋蟀（*Acheta domestica*）的南美角蛙

家蟋蟀（*Acheta domestica*）和黃斑黑蟋蟀（*Gryllus bimaculatus*）並列為最好入手的餌料之一

換成其他的餌料當主食比較好也說不定。雖說如此，蟋蟀對角蛙來說仍是一種非常好的餌料。

冷凍鼠

是一種營養價值高的好餌料。市面上有冷凍乳鼠，被當作爬蟲類專用的餌料，可以保存在冷凍庫，如果家人也同意的話，可以庫存在冰箱的冷凍庫。不過有些人覺得老鼠當餌料很恐怖，有心理障礙，所以使用上就因人而異了。雖然正反兩極的言論都有，就看個人覺得是否可行再決定就可以了。

乳鼠的營養價值之高，非常建議用來飼養剛長大的角蛙。但是，牠並不好消化，所以要注意不要餵食太多。另外很罕見的是，有種稱為 Fuzzy 的稍大隻老鼠，身上長有毛，無法被消化的毛就會造成糞便堵塞。但對於「一吃就要排便」的角蛙來說，如果不餵食餌料，就不太會排便。如此一來，難以消化的毛就會殘留在腸子內變硬，容易造成堵塞。所以，考量這種糞便堵塞的風險，比起大隻的 Fuzzy，用小隻的乳鼠來當餌料比較安全。

這些飼養鼠的骨頭營養價值也有差別，所以要常檢討平常給予的餌料好不好。另外，冷凍乳鼠也不能直接餵食，必須解凍之後再使用。

Mulberry（品牌）鈣粉。大家公認的一種優良鈣質添加劑

119

角蛙用的人工飼料「Pacman Food」的餵食方法

準備一個碗之類的容器

使用附屬湯匙取出適量的飼料

水不要一次倒進去

每次加進一點點水揉搓

慢慢搓成固體

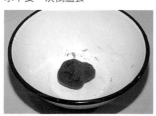
直到粉末全部被搓進去

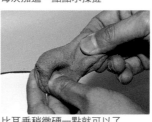
比耳垂稍微硬一點就可以了

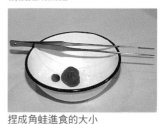
捏成角蛙進食的大小

不會硬塞滿嘴裡的大小最理想

我要吃了

餵食時在角蛙眼前稍微晃動一下

人工飼料

人工飼料的價格便宜又容易買到，而且營養也很均衡，是對角蛙很好的一種餌料。

「Pacman Food」是由 Samurai Japan Reptiles 公司製造所販賣的角蛙專用人工飼料。使用方法如同上一頁步驟所示，加入必要的水量加以揉搓，捏成適當大小的圓形，以鑷子餵食。餌料的分量差不多是角蛙雙眼的寬度左右（如果是 50 圓台幣大小的青蛙，餌料大概像紅豆那麼大）的大小，一週餵食 2~3 次最適當。

因為角蛙對於眼前會動的東西都會有反射性飛撲出去的習性，所以如果角蛙對餌料沒有反應，可以試著在牠眼前慢慢地搖晃餌料再讓牠吃下去。像這樣充分餵食之後，角蛙就會慢慢地長大，因此也要配合牠成長的速度，增加餌料的分量及大小。

人工飼料要注意的點是，不要餵食過多。一旦餵食太多人工飼料，角蛙的腹部就會膨脹得很大，也不知道是不是脹氣。特別是因為角蛙的食慾非常旺盛，不管給牠多少人工飼料都會吃下去，最後不小心就會餵食過多。雖然這並不會造成身體崩壞，但仍要注意餵食人工飼料時只要「八分飽」就可以了。

又，以人工飼料養大的角蛙，若突然餵牠老鼠之類的大型固體餌料，可能會無法消化，導致身體崩壞，因此最好不要心血來潮就餵給牠乳鼠之類的比較安全。對於只用人工飼料養大的角蛙而言，若要換成其他餌料，多多少少有些事情要注意。如果真的要對只吃人工飼料長大的個體，換成其他餌料，要先慢慢地訓練牠。剛開始先給牠青魚，約一週後再給牠比較小型的金魚…. 像這樣的方式是比較推薦的。

雖然還不能說是絕對的，但那就是人工飼料的優點，可以保持角蛙體色的鮮豔度。譬如薄荷藍南美角蛙（*Ceratophrys cranwelli*）微妙的色彩搭配，是個充滿魅力的品種，聽說餵食人工飼料比較能讓牠保有這樣的美

綠色南美角蛙

麗。所以對於有些人覺得保存活餌很麻煩，或是因為必須餵活餌而對飼養角蛙感到卻步，角蛙用的人工飼料可說是一個劃時代的產物。

其他，例如肉食性魚類用的人工飼料，市面上有許多片狀或顆粒狀的產品，把這些買來弄濕再用鑷子餵食也可以。

餌料及氣溫（代謝）

餵食角蛙的餌料分量，和飼養溫度有很大的關係。如同大家所知道的，青蛙是種變溫動物，氣溫升高的話，牠的代謝就變快需要大量進食，氣溫變低的話，牠的代謝就變慢不太吃東西。

角蛙也一樣，氣溫降低、代謝變慢時，消化能力也跟著衰退。因此，在寒冷時期，不要餵給角蛙對消化有負擔的餌料，例如比較大隻的老鼠等。如果是健康的成蛙，寒冷時期就算三個月沒餵食也沒關係。

相反地，如果氣溫暖和，就要多餵一些餌料。這個暖和時期相當於角蛙成長的時期，是養成健康身體的一個重要時期。這時候一週餵一次都還嫌少。

要細心觀察自己飼養的角蛙，適度調整給餌的分量。

時常聽到有人餵食過多，導致角蛙突然暴斃的案例。大部分的情況是，應該可以說是飼養者「把牠殺死了」。這是因為大部分的人都沒有真正了解角蛙要如何飼養才造成的。例如，餵食與角蛙大小不合的過大餌料，也可能導致死亡。又被稱為 Pacman 青蛙的角蛙們，食慾非常旺盛，看牠們吃東西的樣子也很開心，這也是一種魅力。但，就是因為很有趣，有些飼養者乾脆給一個特大號的餌料，看牠們可以吃到什麼時候，嘗試的結果就是殺死這些角蛙。以前也有過一段時期，大家只想著要在短時間內可以讓角蛙長多大。

閉著眼睛，一口將大隻金魚塞進嘴巴的鐘角蛙。食慾旺盛的鐘角蛙，牠的餵食並不是隨著飼養者心情高興，而是要兼顧角蛙的健康和成長來進行

　　角蛙就算吃到很大的餌料，也不知道飽和度，有時候會硬把牠吃完，所以要注意。基本上，給餌時，要將餌料分成容易進食的大小，一次一次地慢慢餵。飼養溫度來到最適溫時，角蛙的代謝也非常好，會飛跳過來吃餌。雖然這樣很有朝氣，但也不要忘了要謹守餵食的基本條件，只能給牠該吃的份量。

　　如果將餌料分成小塊餵食，吃到肚子很飽時，就算是食慾旺盛的角蛙，也會停止進食。用鑷子夾著金魚之類的餌餵食，吃了幾隻之後，角蛙可能頭朝下露出拒絕的表情。這時候就知道，今天的餵食已經結束了。

餵食頻率

　　如果是在適溫的範圍內，幼蛙每隔 1~3 天餵食一次。至於餌的份量，因為會隨著餌的種類、飼養溫度、環境和個體大小的不同有所差別，所以無法斷言。但若是台幣 50 圓大小的幼蛙，一次大概青 魚 1~3 條，Pacman Food 的話大概是柏青哥彈珠大小就可以了。若是產後 1~2 年以上的成蛙，一週 ~ 數週再餵一次也沒關係。

　　角蛙從幼蛙到 1 歲半左右，幾乎就決定了這隻角蛙的大小。長到成蛙之後，就算餵牠再多的餌料，也不會再長大了。因此，從一開始飼養時，就要一邊觀察角蛙的樣子，適度調整給餌的份量。

角蛙的繁殖

角蛙從出生後 9 個月到 1 年半的時間，性生長成熟，可以產卵、排精。飼養之下的繁殖比較難，接下來為大家介紹角蛙如何繁殖。

抱接在一起的一對鐘角蛙。上面是雄蛙，下面是雌蛙，比雄蛙大上一號

　　從台幣 50 圓大小的角蛙開始餵食、飼養到長大，這對飼養者來說是再開心也不過了。從開始飼養後半年到一年的期間，飼養的角蛙慢慢長大、性成長成熟、雄蛙開始鳴叫，之後或許會湧現更多的樂趣。也會激起想讓角蛙產卵看看的念頭。雖然角蛙在飼養環境下的產卵，並不是每個人都能辦到，但若飼養者從錯誤中慢慢得到經驗，也是件不錯的事，不是嗎？

產卵中的一對鐘角蛙

在產卵的瞬間，雌蛙就好像要將產卵孔浮出水面似的有點倒立的姿勢，雄蛙則縮著腳好像要接住產卵似地釋放精子

關於角蛙的繁殖方法，Ernie Wagner 曾在 Retiles 4（4）:12~14 中曾經描述過。本書將引用那篇文章，來為各位介紹角蛙的繁殖。

角蛙的食性非常廣泛，幾乎只要看到會動的，牠都會飛撲過去。即使是同類的角蛙也一樣，筆者就曾目睹過兩隻差不多大小的角蛙，同類相食的場面。不過，這在人工飼養環境下普遍不會發生，因為只要餵食充分的餌料，相同大小的角蛙同志們並不會同類相食，飼養者仍然可以享受飼養的樂趣。

繁殖角蛙的第一個條件，當然就是要備齊雄、雌蛙。雌蛙比雄蛙體型大，且不會鳴叫。雄蛙在摸背後或噴水後會大聲鳴叫。若實際聽過雄角蛙的大叫聲，被嚇到的同時，也會對這聲音永遠忘不了吧。

雄雌的分辨方法，如果是正常地飼養，大概 1 年左右的時間，雄雌的性成長就會成熟。如果是給餌量太少，

可能要花 2 年以上的時間才能分辨。直到成熟為止前的期間之所以不同，餌料的份量是重大主因。如果在成熟前都用很好的方式飼養牠的話，有可能上陸後約 6 個月就可以判別雌雄了。

角蛙一旦性成長成熟，就會出現抱接動作。如果看到雌蛙好像「背」著雄蛙，就表示到了繁殖期。

抱接是指，為了讓雄蛙在雌蛙產卵的瞬間順利授精，雄蛙趴在雌蛙背上並用前腳抱住雌蛙，進行交配動作。此時，雄蛙會緊緊抱住雌蛙以防從她背上掉落，前腳的指頭會長出一種止滑的「繭皮」，被稱為「婚墊」。有這個「婚墊」的就是雄蛙。因為雌蛙沒有「婚墊」，所以可以試著從寵物箱的底部往上看，看角蛙的前腳指頭，就能分辨雌雄。

一旦前腳指頭長出止滑的「繭皮」，在那之後幾個月，雄蛙的鳴叫就會越來越大聲。鳴叫時喉嚨會膨脹鼓起。不叫時，那塊皮（鳴囊）就會鬆弛、變黑。因此，如果看到喉嚨黑色的角蛙，就能判斷牠已經是一隻會大聲鳴叫的成熟雄蛙了。

雌蛙的話，因為不會鳴叫，可能很難從鳴囊來判斷，那就將不會叫的判斷為雌蛙吧。另外，在這個繁殖期，雌蛙的體型比雄蛙大隻是很正常的。所以比較大隻的個體幾乎都是雌蛙，這樣來判斷也可以。甚至有些已經養大的雌蛙，從她腹部還可以隱約透視看到卵。當然，都已經確實看到卵了，這隻百分百就是雌蛙。

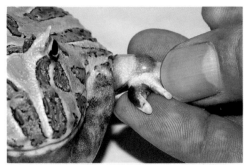
長在雄蛙腳指上的婚墊。婚墊的色素沉積，顏色會變深

左邊有婚墊的是雄蛙，右邊是雌蛙。從寵物箱底部往上看的話，可以很容易觀察到婚墊

上面的雄蛙，在雌蛙產卵瞬間，緊縮後腳的樣子。白化種
南美角蛙（雄）和棕色南美角蛙（雌）在交配

雄蛙用後腳將產出的卵和精液混在一起。如果雌蛙也一起
將屁股抬高的話，對提高受精率很有幫助

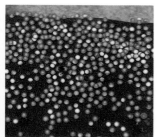

白化種南美角蛙（雄）和棕色南美角
蛙（雌）交配所產下的卵。白化種和
粉彩種的卵就像這樣，呈現粉紅色系

兩隻白化種雄蛙為了交配，在搶奪同
一隻雌蛙。棕色為雌蛙

　　如果同時養著健康成熟的雄蛙和雌蛙，為了要讓牠
們繁殖，改變飼養環境對促進產卵也很有效果。產卵的準
備工作是，必須降低雌、雄蛙溫度，讓牠們經歷乾燥期。
最簡單的方法是將水苔厚厚地鋪在底層，剛開始先將角蛙
放在潮濕的水苔中，之後再放到降溫的環境裡，先不要定
期供給水分，才能讓牠們體驗乾季般的環境。但是，考量
到有可能雌、雄蛙都還沒做好繁殖的準備，所以務必要在
讓牠們體驗乾季的大容器中，再放入一個裝有水的容器。
因為體驗乾季的期間至少要兩個月，溫度保持在 20℃左
右，所以就算飼養者判斷角蛙身體已經可以繁殖了，但角
蛙本身如果還沒到那種感覺，至少要有個水場讓牠們隨時
都能過去，這點很重要。

　　這段產卵前的乾燥期間不需餵食。因為角蛙本身在溫
度 20℃的乾燥環境下，幾乎不吃東西。因此，在進入乾
燥期間之前要充分餵食，讓雌、雄蛙在絕食的兩個月中足
以保持體力。

　　將經過兩個月低溫、乾燥處理後的成熟雌、雄蛙，移
到水位較淺的產卵專用水缸。水深約 5~8 公分，這樣的

一對鐘角蛙正在產卵。雖然產出的卵飄散四處，但受精卵持續產生中。有時後品質良好的卵在產卵後會浮在水面

深度才能確保角蛙用自己的前後腳就能移動。從乾燥的容器馬上就移到水缸當然也可以，不過如果能在乾燥的地方先用水噴一下，讓角蛙從全身包覆角質繭的狀態下，慢慢脫皮、醒來，這方法也不錯。

如果移到產卵用的水缸後，雌、雄蛙就進行抱接動作的話，表示應該就快要產卵了。用人工製造的雨淋管來噴灑水也具有效果。一天中若能向角蛙噴水數次，可達刺激效果。不管是噴水或用杯子潑水，都具有相同成效。

如果飼養的角蛙只有雌蛙一隻，想要進一步促進她產卵的話，可以將雄蛙的鳴叫聲錄下來放給她聽，這方法對於促進產卵也有加分效果。在產卵用的水缸中先鋪好一些水草，也有一些幫助。

產卵，大多在從乾燥狀態醒來、經歷人工雨淋之後3~4 天發生。產卵會花費數個小時，結束後將蛙爸、蛙媽取出，將水位加深，以便準備孵化。

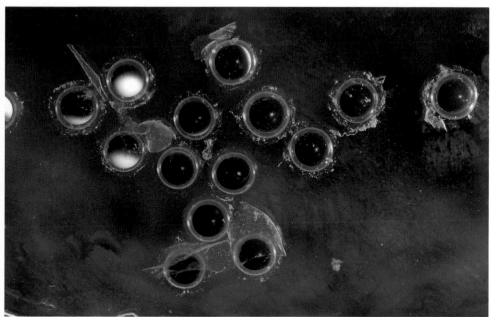

產卵後經過一小時的鐘角蛙卵。左邊
有兩個看得到的白色部分為植物極，
放置一段時間後，上方會分裂成黑色
的動物極，如此持續卵裂

卵的孵化時間，南美角蛙（*Ceratophrys cranwelli*）
需要 1~2 天左右，鐘角蛙大概需要 2~3 天，所以產卵後
要集中精神照顧這些卵。

孵化成蝌蚪之後的管理，需要非常多的勞力和時間。
蝌蚪是完全肉食性，所以飼養時可以餵食絲蚯蚓（Tubifex
tubifex）。不過就如同吃絲蚯蚓一樣，蝌蚪也會開始同
類相食。角蛙類在大自然生態下，經過同類相食，最後生
存下來的強壯個體才能上陸，這是一種強者勝出，弱者淘
汰的生態。至於蝌蚪的飼養方法，留待 134 頁以後再行
介紹。

有種大家都知道的人工產卵方法，就是由專業人員施
打刺激排卵的荷爾蒙劑。這種荷爾蒙劑只能注射在成熟、
產卵狀態完備的個體上，因此產出的個體並不會很弱。
雖然說促進產卵注射荷爾蒙很專業，但在那之前的判斷，
才是真正能見證其專業所在的地方。若成熟的種蛙還沒準
備好產卵，並不會強制注射激素讓她產卵。角蛙繁殖是件
趣味無窮的事情。

角蛙卵的卵裂及孵化

產卵後的角蛙卵，卵裂速度很快，產卵後 1~2 天就能孵化。接下來為大家介紹卵裂的過程。

一邊孵化、吸收蛋黃營養，一邊成長的鐘角蛙幼苗

　　產卵後的角蛙卵，卵裂速度很快，產卵後約 1~2 天就能孵化。亞馬遜角蛙、南美角蛙（*Ceratophrys cranwelli*）或近親種的廈谷穴蛙（*Chacophrys pierotti*）等很快，大概 1 天就能孵化。鐘角蛙的話，比南美角蛙（*Ceratophrys cranwelli*）遲一些，到孵化需要 2 天的時間。實驗結果，若是鐘角蛙和南美角蛙（*Ceratophrys cranwelli*）的混血種，孵化時間大約介於兩種之間的 1 天半左右。

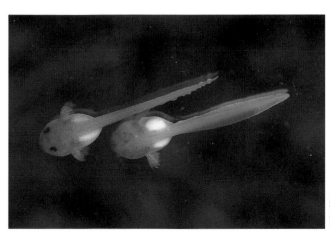

已經孵化，逐漸長成蝌蚪樣態的南美角蛙粉彩種及白化種幼苗。左邊個體的眼睛是黑色的，右邊個體的眼睛因白化幾乎是透明的

　　角蛙的產卵數量，依產卵母蛙的大小有所不同，約1000~4000 顆左右。其中能成長到蛙體的數量，會因受精狀態及同類相食等因素而有所減少。

　　卵的大小，近親種的圓演小丑蛙（*Lepidobatrachus laevis*）是比較大的。而角蛙類中，以鐘角蛙的卵比較大。

　　受精卵被一層透明的薄膜所包覆，黑色的動物極在上方，白色的植物極在下方。而沒有受精的卵，會在薄膜內溶解，受精與否很容易判斷。角蛙的卵和其他青蛙一樣，是偏黃卵，而且卵裂為全裂，在卵黃較多的植物極那一邊會分裂成較大的裂球，動物極那邊則分裂成較小的裂球。卵裂速度很快，大概 16 個小時就形成原腸胚期、神經胚期，進入孵化階段。在神經胚期，分化更進一步，從各個胚層形成各種組織及器官。角蛙的受精卵孵化率很高，剛孵化的幼苗雖然看似脆弱，但嘴巴卻已經可以馬上吃進動物性餌料。就算在孵化的第一天，給牠餵食豐年蝦也可以。第二天開始，就可以輕易撕咬絲蚯蚓之類的餌料，吃進去的養分則加速了牠的成長。

成功產卵及繁殖的訣竅

　　只要整頓好環境，角蛙也能在人工飼養環境下繁殖。因此，整頓飼養環境會直接影響產卵的成功與否。

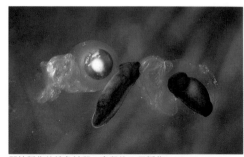

產卵後約 1 天半的卵。根據水溫，約 2 天左右孵化。左邊的卵分裂不順，無法孵化

開始孵化的鐘角蛙卵。產卵後 2 天孵化

孵化後，身體接著變長

剛孵化後的鐘角蛙幼苗

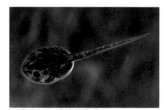

孵化後，身體接著變長

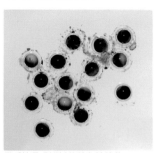

幾乎快長成蝌蚪的鐘角蛙幼苗

　　正因為如此，必須知道原棲息地一年當中的氣候變化、以及是否有哪些必要的條件。將各種條件像解題一樣，慢慢拼湊答案，找出產卵的條件，這也是一種樂趣。只要是在人工飼養，要和原棲息地的南美有相同條件，是件很困難的事，所以試著去考量一般會影響生物繁殖的條件如氣溫、溫度及氣壓等因素，這也是一個重大關鍵。

　　另外，比什麼都重要的是，要注意飼養的角蛙健康狀態，例如日常的觀察、對角蛙的關愛都是必要的。

　　也常有由非專業飼養員繁殖角蛙的成功案例，像亞馬遜角蛙或南美角蛙（Ceratophrys cranwelli）的野生個體，在繁殖期被進口時就已經大腹便便，不需做什麼就能產卵。

　　到產卵為止，有很多成功案例，但其中也有許多並沒有受精成功。究其要因，雖然有很多原因，但水溫和水質

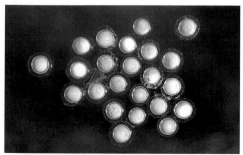

產卵後的粉彩種南美角蛙卵。粉彩種和白化種的卵是白色中帶點粉紅色

神經胚的各種胚層持續分化，之後胚胎向前後延伸形成尾巴，變成尾芽胚

孵化後的粉彩種南美角蛙。時常在水底慢慢蠕動著

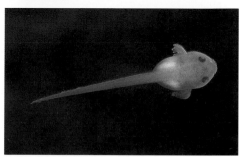

幾乎快有蝌蚪形狀的幼苗。雖然很小但嘴巴很利，已可以咬食絲絲蚯蚓

幾個小時內慢慢變成蝌蚪，其速度相當驚人

也是問題之一。在比較好的飼養環境延伸下，才有角蛙繁殖的可能性。

卵的白色部分是植物極，黑色部分是動物極，放著過一段時間，植物極會跑到下方的位置

將角蛙作為寵物而流通，是始於美國，在日本幾乎都是使用促進產卵激素的繁殖個體。因此，有人認為「用藥物養殖出來的角蛙比較脆弱」。但對於這番言論，養過為數不少的角蛙、經驗豐富的飼養者並不認同，實際上，市面上流通的幼蛙都很好飼養，而且成長茁壯。會有這種不好的說法，主要原因應該是沒有將飼養方法確實傳達給飼養者，讓大家都覺得飼養角蛙很容易。的確，比起其他青蛙種類或許容易些，但是從流通的角蛙數量來看，成功的繁殖案例實在很少。可見對於角蛙的飼養方法，仍然存在許多未知的部份。這點值得深入探討。

從蝌蚪開始飼養

角蛙類的蝌蚪，如果能維持良好的水質，
上陸就比較簡單

鐘角蛙的蝌蚪

角蛙類，尤其是鐘角蛙和南美角蛙（*Ceratophrys cranwelli*），除了台幣 50 圓左右的幼蛙，蝌蚪的販賣也不少。價格上大多和幼蛙差不多，除此之外，上陸也很容易，看體色就知道能養出漂亮的個體，從蝌蚪養到蛙體的期待樂趣也很大。

飼養容器

若只有飼養角蛙的蝌蚪，用寵物箱就非常足夠了。角蛙的蝌蚪，並不是很活潑會游來游去，所以用小型的塑

前後腳都長齊、即將上陸的南美角蛙小蛙。薄荷藍和萊姆綠白化種是兄弟。南美角蛙從卵變態到蛙體大約需要 1 個月的時間。（水溫 25℃左右）

膠寵物箱比較好照顧。要每天換水，而且是將全部水量換掉。光看這點就知道，操作方便的塑膠寵物箱比較輕便而且簡單。如果可以稍微曝氣的話就更理想了。但是，如果曝氣太強，蝌蚪被水流沖著會造成負擔，所以請注意要「稍微」就可以了。

一次飼養好幾隻時，可以在水族缸中使用內置式沉水過濾器來飼養。如果是使用鋪底砂的浪板式過濾器，也可以一次飼養 10 隻以上。不過，一次飼養較多隻時，如果餌料量不夠，蝌蚪肚子餓時會互咬吞食，這點要注意。特別是比較小的個體，為了躲避其他蝌蚪，容易進食不足，連帶影響成長速度。因此，與其勉強地養好幾隻，不如在寵物箱單獨養一隻比較好。

入手後

角蛙蝌蚪入手後，首先為了不讓水溫急遽變化，要進行觀賞魚之類用的「水溫調整」調整適應法。自己從店內帶回來、或是透過郵購送來的蝌蚪，先在桶內倒入和飼養時相同水溫的水，然後再一袋一袋讓蝌蚪浮在水中，大約 30~60 分鐘就能調整水的溫度。

鐘角蛙的蝌蚪。這個階段後腳會變粗，
身體依稀看得出鐘角蛙特有的形態。這
是在孵化後的第三週，過沒幾天，前腳
就會長出來了

水溫

　　飼養角蛙蝌蚪時，水溫 22~28℃ 是最理想的。水溫
太低會延遲發育，在體型很小的時候就會開始變態。需要
加溫時，使用市面上爬蟲類用的片狀加熱器很方便。如
果是觀賞魚用的加熱器，由於飼養蝌蚪的容器本身很小，
水量也不多，照顧起來比較麻煩。

　　水質的話，可使用 pH 值 6~7 的自來水，再將自來
水中氯、氨中和掉，中和劑可使用市售許多品牌的水質穩
定劑之類的產品，在短時間內就能將水中和，非常方便。
雖然在夏天，水溫就算高達 30℃ 以上也是可以飼養，但
晚上若能降到 29℃ 以下會比較安心。水溫過高時，會比
較早上陸，所以水質管理要比適溫時期更加小心注意。

餌的種類及餵食方法

　　角蛙的蝌蚪是完全肉食性，在自然環境下會吃掉同類
或死魚長大。因為從小就是動物食性，上下顎長有黑色的
迴旋鏢狀牙齒。

　　餵餌只用冷凍紅蟲也可以，或是用活的絲蚯蚓給從
卵孵化到開始吃餌的蝌蚪，讓牠早點進食活餌也可以。以
完全肉食性魚類用的顆粒飼料代替是可以，但是和紅蟲比

鐘角蛙的蝌蚪

鐘角蛙的蝌蚪。後腳先長出來，慢慢變得粗壯，身體也開始出現蛙體的形態

長出前腳，嘴巴也變成蛙嘴形，呼吸從鰓變成肺。這是為了上陸而演化成的

雖然還殘留一段尾巴，但已可看出鐘角蛙形體的幼蛙

起來，蝌蚪比較沒那麼喜歡，而且吃剩的飼料容易污染水質，還是儘量使用冷凍紅蟲比較好。

給餌方式可將冷凍紅蟲直接放入飼養箱，不會有問題。最好切成適當的份量，分成幾個小時的食量再放入箱中。只是，蝌蚪並不擅於吃餌，可以將紅蟲平均地灑在底部，以便讓蝌蚪容易進食。一旦蝌蚪的嘴邊有紅蟲，牠就會涮地一口吃下去。

一次餵食大量的紅蟲不用說也知道吃不完，吃剩的紅蟲更是會讓水質急遽惡化，因此要少量餵食，一天最少餵兩次。水質一旦被污染，食量就會降低，所以要時常注意換水，維持一個促進食慾的好環境。

餵灑紅蟲時，蝌蚪好像可以聞到味道似的，會往餌料掉落的方向游過去，但是要游到正確的地方卻很難，如果紅蟲沒有碰到嘴邊就不知道進食，所以有時候會沒吃到而變瘦。這時候，可以用鑷子將紅蟲夾起來去碰觸蝌蚪的嘴

飼養角蛙蝌蚪的組合

白化種南美角蛙的蝌蚪。蝌蚪的臉
看起來很滑稽，很可愛

蝌蚪只有在左邊才有鰓孔。照片為鐘角蛙

白化種南美角蛙蝌蚪的嘴巴。上下兩排都有黑色牙齒

脫落的南美角蛙牙齒。牙齒脫落後嘴
巴會變寬，形成角蛙特有的蛙嘴

邊，讓牠有所反應。可以的話，就將紅蟲均勻地散灑在底部，蝌蚪不管游到哪裡都吃得到餌，這是最理想的。不過這樣的餵食方法，會浪費大部份的餌料。但為了要優先考量讓小蝌蚪能夠進食成長，雖然有點浪費也要堅持下去，將殘留的紅蟲取出來、換水，再重新灑餌，才能養得好。

換水

角蛙類的蝌蚪，會因水量不同而異，但還是以水質的惡化和變化影響最大。所以關於飼養水，不必過於神經質也沒關係。因頻繁換水而造成個體衰弱的案例也有耳聞，再怎麼頻繁換水也以一天換一次全部的水量為妥。只是，

南美角蛙的蝌蚪

粉彩種南美角蛙的蝌蚪

白化種南美角蛙的蝌蚪

長出前腳的白化種南美角蛙蝌蚪

薄荷藍南美角蛙剛上陸的幼蛙。此時還不要餵餌

白化種南美角蛙的上陸幼蛙。水深約淺淺的 2mm 左右就沒問題

換水後新的飼養水一定要中和水中的氯。使用觀賞魚用的水質穩定劑應該很方便。

重點

　　蝌蚪的話，儘可能頻繁給餌越能長大。理想的體型是「飯糰型」。就是要維持肚子鼓鼓的狀態。餵食過度還不至於發生死亡，但邊觀察水質，邊注意餵食的飼養方法也不錯。等到空腹再一次餵食，這樣的方法也有，總

薄荷藍南美角蛙的幼蛙。一旦長出前腳，身體很快就出現各種獨特的花紋。原本有著牙齒的嗽嘴，隨著牙齒脫落，會長成南美角蛙獨特的臉。尾巴也會在幾天內最多 5 天就不見了

亞馬遜角蛙的蝌蚪

長出後腳的亞馬遜角蛙

差不多已經變態完的亞馬遜角蛙幼蛙。在尾巴還沒有完全消失之前的這段時間，不要餵食。從蝌蚪開始飼養，養到這個階段的話就可以鬆一口氣。此時的呼吸，會從鰓呼吸變成肺呼吸，因此水深約 5mm 左右就夠了，然後在幾天內移到幼蛙的飼養組合

夢幻（蝴蝶）角蛙的蝌蚪

長出前腳的夢幻（蝴蝶）角蛙蝌蚪

牙齒脫落、變成蛙嘴的夢幻（蝴蝶）角蛙

上陸後的夢幻（蝴蝶）角蛙幼蛙

之要時常觀察蝌蚪的體型再給予餵食。一次飼養多隻時，有時候會互吃掉其他的蝌蚪，所以要小心注意。特別是像腳趾之類容易放入口中的部位，被咬食的案例很多。

變態（指體態）

　　一旦後腳開始變粗壯，背上也會浮現淺淺的角蛙特有花紋，然後開始發色。幾天後，前腳就會蹦出來。那是因為前腳早已在體內成形的關係。前、後腳都長出來後，就會馬上變態。首先，尾巴會逐漸變短（被稱為apoptosis），接著上下排的迴旋鏢狀牙齒會脫落。在這個階段不會有食慾，因此等到尾巴完全消失、變態成功為蛙體的這段時間，不需要餵食。等前、後腳長出來，牙齒脫落變成大大的蛙嘴之後，再移到一般的角蛙飼養環就可以了。如果置之不理，有可能會溺死。這個時期要好好地照顧，享受上陸幼蛙的飼養樂趣。

體色的遺傳

薄荷藍、棕色及白化種等，這些南美角蛙（*Ceratophrys cranwelli*）的多彩變化，是因為有著強大的遺傳因子。以下就讓我們來一窺究竟。

早春進口的野生南美角蛙。野生種的基本體色就像這樣的棕色系。從這個顏色開始，衍生至今已經誕生了各式各樣色彩的 CB 個體

南美角蛙（*Ceratophrys cranwelli*）野生個體的體色就如同上圖所示，是褐色的。嚴格來說，也有基調色茶色中帶著綠色的個體存在。就像上圖的野生個體，在褐色底下應該也隱約看得到一些綠色。這些隱隱約約的綠色，被認為可能就是造成之後南美角蛙（*Ceratophrys cranwelli*）各種豐富色彩變化的要因。經過世世代代繁殖之下，從褐色到帶有顯著綠色個體出現的可能性極高。

南美角蛙

白化種南美角蛙

薄荷藍南美角蛙

棕色南美角蛙的 CB 個體

　　在日本的樹蛙，每年都有報告發現藍色變異種。樹蛙的表皮和真皮之間排列著三層色素細胞，最上層為黃色素細胞，再來是虹彩細胞，最後是黑色素細胞，由此組成體色。這些色素細胞都有其各自特有的細微顆粒，中間層的虹彩細胞反射出短波長的藍色光，和上層的黃色素細胞組合成綠色的體色，為我們肉眼所見。而虹彩細胞長波長的光，則被底層的黑色素細胞給吸收了。藍色的樹蛙被認為是，上層的黃色素細胞因某種原因消失了，才會呈現藍色。

　　當然，角蛙類的體表顏色無法直接套用樹蛙這套理論，但對於我們已知的南美角蛙中，綠色南美角蛙和薄荷藍角蛙的相異點、或是白化種南美角蛙和萊姆綠南美角蛙的相異點，可以拿來當做重大的參考。

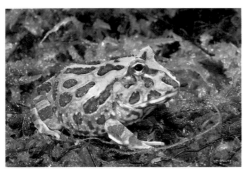
粉彩種南美角蛙。此類型綠色鮮明，有著葡萄眼

有著深褐色、黃綠色、紅褐色三種體色的粉彩種

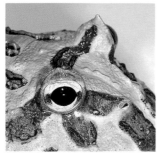
粉彩種南美角蛙的眼睛是很深的酒紅色。相較於白化種的正紅色眼睛，粉彩種被稱為葡萄眼

　　白化種南美角蛙是從正常色的南美角蛙突然變異而成的，這很容易被理解。一般認為受歡迎的角蛙類中沒有白化品種，在其他的角蛙類中也沒有出現過白化種。而白化種南美角蛙（Ceratophrys cranwelli），早在幾十年前就被美國的飼養者所確定。常常聽說在南美角蛙（Ceratophrys cranwelli）的色彩變異種產生過程中，有跟鐘角蛙混種。那樣的話，應該會繁殖可以當作種蛙販賣的白化種鐘角蛙，照理說現在就會有白化種鐘角蛙存在，但是並沒有。我個人認為比較妥當的想法是，南美角蛙（Ceratophrys cranwelli）的色彩變異種應該是從南美角蛙種內繁殖出來的。本書之前也曾介紹過，雖然有Cross角蛙的存在，但因牠的繁殖能力非常低，是否因此而無法採集到混種第二代？或是因此而中止雜種化？可想而知。

　　看過許多各種南美角蛙色彩變異種之後的印象，會覺得是不是將白化種同類、薄荷藍同類、棕色同類，這些同一種色彩變異種互相交配之外的，為了要產出白化種染色體而做的品種成為主流。因此，現在就算是正常體色的南美角蛙，其中也有很多是遺傳因子裡存有白化染色體的個體。就像魚類一樣，不容易繁殖，因此就算正常體色的同類（A/A）中有著白化染色體（A/a），對於角蛙本身的強健性不會有任何影響。

杏白色南美角蛙

萊姆藍南美角蛙

從 WC 產出的 F1 個體。重點在深色花紋中帶有綠色的部份

有強烈紅褐色的棕色主體粉彩種

　　看著南美角蛙（*Ceratophrys cranwelli*）綠色及薄荷藍系統的色彩變化，或是白化品種的配色變化，心裡會想著這會不會是將棕色、或是綠色，棕色的混種個體當成種蛙，和白化種交配後，經過世代繁殖所產出的？尤其最近有種被稱為粉彩種的 T+（T PLUS）出現，讓南美角蛙（*Ceratophrys cranwelli*）的色彩變化更加多樣化。粉彩種和白化種交配出的 F1，在理論上應該是分離的，但這樣的話，角蛙的三層排列色素細胞又會是怎樣變化？不試著實際去看的話，仍有許多無解的地方。今後南美角蛙（*Ceratophrys cranwelli*）種內越來越多樣化，想要不注意地都很難。

健康管理和疾病及其對應方法

陸生的角蛙，若在乾淨的環境下飼養，是種比較不會生病的蛙。但有時候還是會因為環境而造成健康問題，其對應方法如下介紹。

從 WC 採集來的 F1 南美角蛙個體

飼養角蛙時，一定要先預想到自己養的這隻角蛙會有身體狀況不好的時候。雖然，保持飼養環境乾淨是確保角蛙健康的最基本條件，但即使如此，角蛙還是會有各式各樣的突發狀況。這時候的對應方法，簡單介紹如下。

自體中毒

角蛙是種會將腹部拖在地面的青蛙，因此很容易會因為自己的排泄物而引起自體中毒。角蛙的皮膚滲透性很高，會從少量的污水吸收氨到體內，而引起中毒。氨對角

4 公分大小的鐘角蛙。一旦開始飼養角蛙，就要有把牠安全養到成蛙的打算。因此要確實做好日常管理

蛙而言是有害物質，會讓身體狀態惡化，置之不理而導致死亡的案例還不少。

解決對策是，將經常使用當底床的羊毛氈清洗乾淨，是最首要的工作。高溫時期就算沒有排便，尿液中的尿素也會溶在水中，形成氨，因此如果一有聞到氨臭，就要立刻清洗。儘可能地縮短腹部接觸到排泄物的時間，方為上策。

紅腿病

是大部份發生在兩棲類的疾病。當角蛙類長期處在不衛生的飼養狀態下就會發生，是種細菌性的傳染病。這種病在觀賞魚類也有，是一種叫作嗜水氣單胞菌的細菌所引起的疾病，細菌大多存活在兩棲類的腸管內。會在不衛生的環境下增生，對角蛙產生重大傷害。容易在高溫時出現，發病時會有水泡狀的潰瘍及出血，所以才有這病名。雖然可以將病蛙浸在 0.5% 的食鹽水中，以防傳染給其他蛙隻，但食鹽容易造成角蛙脫水，必須要多加留意。

觀賞魚用的對氣單胞菌很有效的魚病藥在市面上買得到，將適量的藥溶解在藥浴容器中，再試著做 10~30

分鐘左右的短時間藥浴就可以了，但對於沒有飼養觀賞魚經驗的人來說，這方法並不建議。

眼睛白濁

角蛙的眼睛很大，一旦撞上飼養箱會傷及角膜。對於移動物體有反應，進而補食的角蛙來說，視覺是很重要的感官。角蛙的眼睛在某些情況下會產生白濁現象。例如營養性的代謝障礙、或是飼養環境髒污導致細菌孳生所引起的角膜炎。如果看到角蛙眼睛有些白濁現象，首先要改善飼養環境，保持清潔是最重要的。換水和清潔工作比平時更頻繁也是方法之一，如果這樣還是持續惡化，要與平時往來的獸醫討論，如果需要使用抗菌劑，最好接受治療。

咬合不正

上顎、下顎無法確實咬合的症狀，在角蛙類中也看得到。比起先天性，後天性的咬合不正個體比較多，被稱為代謝性骨病的症狀也有。原因至今不明。如果是有營養性的東西，還有可能處理。一般認為代謝性骨病是因為鈣、磷、維他命、紫外線等不足，所造成對骨頭的影響。有言論認為像是只餵食蟋蟀一種餌料，就容易引起鈣質不足。但現在的問題是，到底為何會變成這樣？原因不明。只是這問題並不會威脅角蛙的生命。不過會介意的人還是趁早帶去看獸醫比較好。

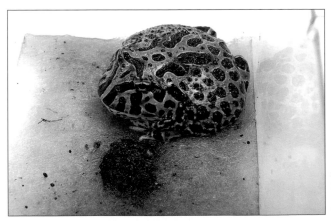

早上出門還沒排便，結果晚上回家已經排了一大坨狀況很糟。就算糞便不是腹瀉拉稀狀，而是健康的固體狀，也會因角蛙的移動而被踩散一地，所以此時必須盡速將羊毛氈洗淨

蛙壺菌病

在 2006 年 12 月，在日本國內飼養的青蛙被檢查出蛙壺菌。蛙壺菌病是由一種蛙毒真菌（*Batrachochytrium dendrobatidis*）所引起的，是致死率很高的感染病。一開始真菌寄生在青蛙的身體表面，細菌繁殖後造成青蛙皮膚呼吸困難，一旦發病可能食慾衰退、身體麻痺導致死亡。

感染蛙壺菌病，一開始會有食慾不振、憂鬱等症狀，隨著發病會出現瞳孔縮小、肌肉不協調、身體縮成一團，把牠翻轉過來後無法重新站起來、嘴巴有點開開的、皮膚脫屑等。關於青蛙的疾病，目前仍有許多未知點，一般的飼養者幾乎無法判斷，如果心有疑惑時，最好帶去給專門的機關檢查。這樣也能防止感染給其他一起正在飼養的青蛙。

清洗染有蛙壺菌病的飼養容器時，可將市售的漂白劑（200ppm 次氯酸鈉溶液）稀釋 100 倍，倒入容器放置 15 分鐘，或是倒入 60℃以上的溫水泡 5 分鐘。

首先，飼養者要先知道有蛙壺菌病這種病存在，並且對牠有基本的知識，這點很重要。詳細情形可上國立環境研究所的網頁瀏覽。

http://www.nies.go.jp/biodiversity/invasive/index.html（日文網頁）

肥滿

角蛙食量大，屬於食慾旺盛的青蛙種類。像鐘角蛙，給牠多少餌料，就吃多少，可見食量之大。

以前，有種飼養方式像是在比賽似的，總想著要如何將角蛙在短時間內養大，於是餵餌從小魚、蟋蟀到乳鼠，甚至有時還會餵比乳鼠大的幼鼠，這樣的個體很多。

快速飼養之下的角蛙容易出現肥胖症，應該不難想像這對角蛙健康有很大問題吧。因為肥胖會造成肝臟周圍的脂肪大量堆積，這對角蛙的前、後腳有很大影響，尤其是後腳會使不上力。千萬不能讓角蛙變成正圓形的體型，

眼睛白濁的南美角蛙。首先要清潔飼養環境，底床羊毛氈之類的全部更換為新的，之後要頻繁換水、注意底床清潔

後天性的上顎變形。這是從蝌蚪養大的個體，上陸當時並無異狀。之後可能是突然撞擊牆壁導致變形，也有人認為是因鈣質、磷、紫外線不足所引起的上顎錯位

脫腸的鐘角蛙。像這樣腸子或膀胱外露時,飼養者個人已經無法可施。注意不要讓外露的腸子乾燥,並趕快去看獸醫吧!

導致無法自由行動。餵食時,最好根據角蛙的年齡和體型加以斟酌,觀察前、後腳的粗細和行動力,投以適當的餌量,以防造成肥胖。

補充維他命也有預防效果。

誤食

角蛙吃餌食,常常發生將底床一起吃下去的狀況。如果誤食棕櫚土或腐葉土、黑土之類的,還不至於影響健康,但若吃下的底床是無法通過消化道的大小,就會引起腸堵塞的問題。或是,吃到幼鼠之類有毛的餌料,會變成毛球堵塞,因為角蛙無法消化老鼠的毛。為了預防上述情況發生,用來當底床的東西,第一件事要先注意牠的大小是否能通過角蛙消化道,若是以樹皮為原料的底床,在鋪的時候也要注意,要先將比較大的剔除後再鋪。

如果不知道誤食的東西是什麼,或是誤吞進去的東西無法吐出來時,要去看獸醫,必要時也能以外科手術試著取出來。

脫腸

飼養角蛙時,有時會從排泄孔脫露粉紅色的腸子。主要是消化不良、肥胖所造成的,但實際原因目前還不清楚。一旦腸子或膀胱露出,會因脫腸而無法排便和排尿,放任不管可能導致死亡。如果從排泄孔只露出一點點腸子

最大濃度為此魚病藥規定量的一半

Green F Gold 是種方便使用的抗菌劑。但它其實是觀賞魚用的藥,這點不要忘了

換水時突然痙攣的南美角蛙

回家發現已經死掉的角蛙。除了後腳伸直以外，別無異狀，有時候不仔細看還看不出來

ISODINE 優碘劑

含有次氯酸鈉的消毒用品

時，可以用沾濕的棉棒試著將牠推回排泄孔內。但若已經有一大段脫腸，就要去看獸醫，並且注意讓腸子遠離乾燥。

痙攣、後腳僵直

這症狀有時會發生在角蛙身上，前一天還好好的角蛙，突然在換水或清底床時出現痙攣，後腳像被拉直似的僵硬筆直，眼睛快閉起來的樣子，可說是被稱為角蛙突然死的代表症狀之一。為何會引發這症狀，原因不明，但有很多角蛙飼養者都有過這樣的經驗。

從好幾天前就開始食欲不振，為了改善這症狀，飼養者比平常更頻繁地清洗底床或飼養箱，結果沒想到角蛙卻死了，這樣的案例很多。雖然目前原因不明，但也不排除是蛙壺菌病的可能性，所以不要隨便丟棄青蛙屍體，可以當作檢體標本研究。

外傷、手腳損傷

一次飼養多隻角蛙時，有時會發生互咬的情況。基本上，角蛙是要單獨飼養的，但蝌蚪和幼蛙時期很容易被放在同一個盒內飼養。這樣會導致互咬的外傷，或咬掉指頭，最好還是避免。外傷引發細菌感染的可能性很高，指頭被咬掉也不可能再長出來，所以要注意不要讓這種情況發生。

角蛙 Q&A

和角蛙一起生活前要考慮的事情、一起生活後覺得有疑問的事情、對於角蛙有點擔心的問題，都一起解答吧！

鐘角蛙

Q：可以一次養好幾隻嗎？像鐘角蛙和南美角蛙不同種類的角蛙可以養在一起嗎？

基本上，要養在一起很難。角蛙是屬於肉食性，會捕食在眼前晃動的物體。甚至比自己體型大的東西，也會反射性飛撲過去。清潔時若把手放進去，角蛙也會把飼養者的手誤當成餌，飛跳過去。

看到角蛙的樣子就知道，牠的嘴巴大到幾乎佔了身體一半。即使面對跟牠差不多大小的蛙類，也會一

WC亞馬遜角蛙。是種很有魅力的角蛙，但有著WC特有的壞脾氣，所以最好先養過其他角蛙再考慮飼養比較安全

口咬下去，把牠吃掉。一次養好幾隻幼蛙時，可能會突然發現數量減少了。所以基本上還是一隻一隻分開養比較好。

Q：把鋪在底層的水苔和餌料一起吃下去沒關係嗎？

　　一股作氣把掉在地上的金魚餌一口吞下去的角蛙，雖然這麼有精神地進食很好，但恐怕會將底材一起吃下肚…如果是棕櫚土或礫石之類的還好。有養過角蛙的人，不管是誰都有過這樣的經驗。只要不是特別大的石塊或尖銳的樹枝，幾乎都不會有問題。幾天後就會跟著糞便排出來。如果是剛上陸不久的幼蛙，消化能力還很弱，比起會被吞下來的礫石或樹皮原料拿來當底床，不如鋪羊毛氈會比較好。

鐘角蛙的蝌蚪。從角蛙的蝌蚪開始養，也很開心。比起買來的幼蛙會更加寵愛，有機會一定要體驗這樣的飼養樂趣

Q：我買了角蛙的蝌蚪，可以養在塑膠布丁杯嗎？

　　市面上主要流通的是4公分左右的幼蛙，但角蛙蝌蚪也有在賣。蝌蚪可以讓飼養者看到牠長腳、出現蛙體形態上陸的變化，和成為蛙體時一樣，都是肉食性。吃著絲蚯蚓、紅蟲或眼前游動的小魚等而成長。吃下去的東西排出來，會污染水。雖然角蛙蝌蚪的耐

紅色面積很廣的鐘角蛙

髒度很高，但有足夠的水還是比較好。雖然用塑膠布丁杯飼養也不能說牠不可以，但最好還是儘量使用大一點的飼養容器，而且要定期換水，不要偷懶。

Q：最好養的角蛙是哪個種類？最難養的又是哪一種？

目前流通的角蛙以國內或在美國繁殖的為主。其中以鐘角蛙和南美角蛙（*Ceratophrys cranwelli*）是最容易飼養。尤其是鐘角蛙，屬於身強體健的一種，牠的顏色鮮豔且花紋獨特，頗具挑選樂趣。南美角蛙（*Ceratophrys cranwelli*）是僅次於鐘角蛙的強健種類，名為白化種或薄荷藍這兩種的色彩變化很有意思。還有一種是亞馬遜角蛙（蘇利南角蛙），雖然也有流通，但牠的本種，即使是繁殖個體，要養到成蛙很難。南美角蛙（*Ceratophrys cranwelli*）和亞馬遜角蛙的野生地採集個體很少進口，所以不好養，連餵食都很難，如果沒有累積相當的飼養經驗，最好不要出手比較保險。

Q：我家裡飼養的角蛙，給牠多少餌料，牠就吃多少。如果牠想要吃多少餌料，就給牠吃多少，這樣可以嗎？

不管是哪種生物，看著牠吃不停的樣子，是最開心的時候。特別是角蛙，看到會動的東西馬上飛撲過去，進到嘴巴就一口吞下去，讓人不知不覺地一直餵下去。但是，和人類一樣，其實吃過頭並不太好。所以如果當牠面對眼前食物，好像收回下巴臉朝下時，表示已經有點飽，就不要再餵食了。如果是 4 公分左右的小蛙，每次餵幾條青 魚，一週 2~3 次。成蛙的話，一週餵一次就可以了。

Q：聽說只有放水飼養的方法，對於腳和腰不好，是真的嗎？

只在容器中加點水的飼養方法很簡單，在店裡常看到這樣的景象。但是，因為店裡是以販賣為目的，為了能時常觀察角蛙，必要如此簡單化。自己在

流通較多的種間雜種，夢幻（蝴蝶）角蛙

白化種南美角蛙和綠色南美角蛙。照片中是兩隻一起，但基本上飼養要單獨一隻

家飼養的話，鋪層墊子是最好的。水飼養法時，因為容器底部會滑，角蛙的腳踏不穩，長時間下來，股關節會異常地開。對於上陸後的幼蛙或是不太會捕食的個體，餵牠們活魚時，水飼養能派上用場，但不管這時期是不是很短，最好能在底下鋪一層園藝用的網狀塑膠，讓牠們的腳站穩一點比較好。另外，水飼養時若是太晚清除糞便或打掃，青蛙會因為浸泡污水而導致自體中毒，務必要小心注意。

Q：為何會不太排便？

充分進食的健康個體，在進食幾天後就會排便。不排便的理由，一致被認為是餌料不足。或是，進食後水溫變低，導致活性、代謝降低之故。另外，一旦清潔羊毛氈或底床之後，馬上排便的情況也很多，這是因為環境一旦變好，活性就會跟著變好。所以要時常確認溫度是否適當、容器髒了沒等狀況。

Q：底床的清潔打掃，大概多久做一次比較好？

　　基本上，只要排便就要清洗。羊毛氈的話，每次排便都要將糞便取出，用水洗乾淨。棕櫚土或土壤的話，要把糞便清除乾淨。雖然糞便有固定形狀很好清除，但也別忘了有排尿的時候。因為羊毛氈之類的是整個都會碰到尿液，排便時雖然將糞便及其周圍部分清除乾淨，但久了還是會累積髒污，所以要定期將底床全部換掉。雖然這跟飼養的角蛙大小或飼養容器大小也有關係，但差不多一週到10天換一次就可以了。

Q：蝌蚪很多隻養在一起可以嗎？

　　蝌蚪只要大小不要差太多，也不要養在太狹窄的容器中的話，就有可能一次養好幾隻。只是當數量變多，水就容易變髒，所以一定要頻繁換水。而且，因為蝌蚪是肉食性會咬住眼前的東西，如果密度過大，尾巴或後腳端可能會被咬傷。尾巴還好，若是指頭被咬掉就會永久留下殘缺。理想的作法，還是個別飼養比較好。

角蛙類的蝌蚪是完全肉食性，所以就算是兄弟也會互咬。儘量單獨飼養比較好

Q：蝌蚪的前腳只有一隻，沒問題嗎？

　　蝌蚪的後腳是一起長出來的，但前腳會有時間差。大部分都是從左側的鰓孔跑出左前腳，不久右前

Photo:Ryu Uchiyama

最早期進口的南美角蛙，清一色褐色的體色是南美角蛙的基本色調

角蛙的蝌蚪和其他蛙類一樣，後腳先長出來，然後慢慢變得粗壯，之後前腳會突然蹦出來。從腹部可以隱約看到已經成形的前腳

WC 南美角蛙的 F1 蝌蚪。角蛙的雛型已經出來了，一旦上陸之後，又會有不同的飼養樂趣

腳也衝破皮膚蹦出來。和慢慢變粗壯的後腳不同，青蛙的前腳是先在體內長好，再長出體外。長出體外的時間差不會太久，如果過了幾天兩隻前腳還沒長齊，可能是骨頭異常或是健康狀態有問題。

Q：蝌蚪已經長到上陸了，但不太吃東西。要怎麼辦才好？

蝌蚪長出前腳之後，不久就會上陸了。此時，雖然還有尾巴也會爬離水面。這個時候的嘴巴已經變成大大的蛙嘴，但直到尾巴消失前，幾乎都不吃東西。因此在這個狀態下，就算不進食也不需要太擔心。變成完全的蛙體模樣，應該就會吃了吧。剛開始可以餵牠青 魚之類的小魚，讓牠在淺淺的水中游泳。

Q：當我打算要清洗寵物箱時，角蛙跳了出來，從桌上掉到地面上。沒關係嗎？

角蛙在驚嚇或獵餌時會飛跳起來。完全沒有考慮到周邊情況就跳出來，所以有時候會從意想不到的高處摔下來。啪的一聲，很大聲讓人擔心，在那之後腳和腰挺不起來，身體狀況好像不好，但若沒有持續很久就沒關係。只是，怕有時候會留下內傷，所以照顧時要十分注意。

Q：把蟋蟀當餌放進去，但到隔天角蛙還是沒吃。要怎麼辦才好？

角蛙對會動的東西有反應，但若是平時不常吃的東西可能就會沒反應。假設那隻角蛙在買來之前，只用金魚之類的魚養大，或是只吃人工飼料的情況下，反應可能會變遲鈍。而且，沒吃到的蟋蟀如果在角蛙身上爬，這對角蛙來說是非常大的壓力，就不會想去吃他。尤其是餵食像蟋蟀之類的昆蟲，最好是一隻一隻地夾到面前，再慢慢加、慢慢馴練，絕對不要一次就灑一把下去。

TOMY 和海洋堂兩家公司出產的巧克力蛋 · 寵物系列食玩，登場的是鐘角蛙和南美角蛙的公仔。也有蝌蚪的公仔，只要是角蛙迷都想要擁有

接近全綠的鐘角蛙。從臉型和角狀突起的長度，看習慣的話從體側花紋，就能分辨出是鐘角蛙還是南美角蛙

Q：鐘角蛙和南美角蛙（*Ceratophrys cranwelli*）要如何分辨？

　　角蛙的種類，根據眼睛上方角狀突起的長度，而有所不同。流通的三個種類中，最長的是亞馬遜角蛙，其次是南美角蛙（*Ceratophrys cranwelli*），最短的是鐘角蛙。這個特徵在幼蛙時期也看得出來一些。流通量多的鐘角蛙和南美角蛙（*Ceratophrys cranwelli*），特別是牠們的幼蛙，外型非常相似。但是看了比較多的個體之後，就能看出嘴型和臉型有所不同。又，綠色身體中有著紅色花紋的只有鐘角蛙，相對地，白化種或薄荷藍之類的體色變異種就是南美角蛙（*Ceratophrys cranwelli*）。以前偶而會看到這兩種的交配混種，但最近幾乎沒有了。

Q：出門旅行時，角蛙的餌料要如何準備比較好？

　　如果不是非常長期的話，就算不餵食，對健康的角蛙來說也不會有問題。就算連續好幾天也沒關係。需要留意的反而是，骯髒程度、溫度和水量。飼養者不在的期間，可能會排便然後踏得亂七八糟造成自體中毒，所以在出門前最好先讓牠排完便就不要再給餌料了。另外，夏天密閉的室內，溫度會變得很高，所以要讓保持通風或使用空調等方法調節溫度。冬天也一樣。使用空調時會讓空氣變得乾燥，等到發現時角

蛙可能已經乾到快懨懨一息。對兩棲類的角蛙來說，沒有水份是非常大的問題，務必要注意。如果超過一星期以上不在家，最好寄放在有飼養經驗的朋友家，或是寄養在熟識的店裡。

Q：有沒有什麼餌料可以讓角蛙的顏色更顯色？

　　真的要說的話，並沒有。但人工飼料要說牠有顯色嗎，並不確定，但聽說有可讓體色鮮艷的效果。像是綠色和薄荷藍這些配色微妙的南美角蛙（*Ceratophrys cranwelli*）改良品種，若餵食人工飼料，的確有許多個體的顏色都比較鮮艷。另外，紫外線對角蛙的體色也很重要，雖然說要避免直射陽光，但養在陽光不會直射的窗邊，也是個好方法。

Q：我的目標是想讓角蛙繁殖，重點是什麼？

　　首先要注意，不要讓飼養的角蛙過於肥胖，但又要確保牠吃到足夠的餌料，健康地長到成蛙。前、後腳確實長齊、體型優良的成蛙至少要養到 5 隻。至於繁殖方法，請參考第 124 頁以後的內容。

5 公分大小的鐘角蛙。若想要繁殖，至少要擁有 5 隻，這樣雌、雄蛙皆有的機率才會比較大。首先要養到健康的成蛙才是繁殖關鍵

INTERNAL
HANG ON
FILTER
內掛式過濾器

www.up-aqua.com

 Fish

 Reptile

Amphibia

Top Cap 上蓋

Hook 掛勾

Filter Cartridge 插卡濾棉

Outlet 出水口

Sucker (Back) 吸盤(背面)

Filtering Cup 濾杯

Power Head 馬達頭

Inlet 入水口

A-061 · 500L/H · for 45-60cm tank

上鴻實業有限公司
UP AQUARIUM SUPPLY INDUSTRIES CO., LTD.

大陸：TEL：+86-020-81411126 (30) FAX：+86-020-81525529
QQ：2696265132   e-mail：upaquatic@163.com
台灣：TEL：+886-2-22967988 FAX：886-2-22977375
http://www.up-aqua.com   e-mail：service@up-aqua.com